Dem Andenken

meiner lieben Eltern

gewidmet.

ISBN 978-3-662-22785-5 ISBN 978-3-662-24718-1 (eBook)
DOI 10.1007/978-3-662-24718-1

Inhaltsverzeichnis.

Einleitung.

Die Sulfitzellstoff-Fabrikation zählt in die Gruppe derjenigen Industrien, die eine sehr erhebliche Menge Wärmeenergie zu Koch- und Heizzwecken sowohl absolut, als auch im Verhältnis zum Kraftverbrauch benötigt. Festliegende Zahlenangaben über Kraft- und Wärmeverbrauch sowie zusammenhängende Untersuchungen über die bei der Fabrikation von Sulfitzellstoff auftretenden Wärmevorgänge fehlen in der einschlägigen Literatur noch vollständig; darin sind nur einige auf ganz besondere Fälle zugeschnittene Angaben zu finden. Ich habe im Laufe meiner Tätigkeit in dieser Industrie oftmals diesen Mangel empfunden, und mir daher die Aufgabe gestellt, die hier auftretenden wärmetechnischen und wärmewirtschaftlichen Fragen zu untersuchen, die in Betracht kommenden Einrichtungen kritisch zu besprechen und Unterlagen für Rechnungen und Untersuchungen zu geben, auf denen sich weiterbauen läßt. Zu diesem Zweck habe ich die wenigen diesbezüglichen in der Literatur zerstreut liegenden Angaben berücksichtigt und mich bemüht daraus und besonders im Verein mit selbst durchgeführten Versuchen und mit meinen mehrjährigen eigenen Betriebserfahrungen ein möglichst erschöpfendes, abgeschlossenes und klares Bild über diesen bisher im Zusammenhang noch nicht verarbeiteten Stoff zu geben.

Von vornherein möchte ich aber dabei festsetzen, daß die Zahlenergebnisse der vorliegenden Untersuchungen vor allem für eine größere Sulfitzellstoffabrik ohne Bleicherei Geltung haben, da sie im Betrieb einer solchen ermittelt wurden. Sie lassen sich aber bei der nötigen Umsicht mit Erfolg auf andere Sulfitfabriken übertragen; insbesondere ist der Gang der Rechnung und der Geltungsbereich der entwickelten Formeln ein ganz allgemeiner.

Meine Arbeit ist keine Laboratoriumsarbeit, kann daher auch auf die Genauigkeit einer solchen keinen Anspruch machen. Sie ist im Laufe meiner Tätigkeit als Betriebsingenieur einer großen Zellstoffabrik und aus den Anregungen, die mir meine Betriebsstellung geboten hat, entstanden, und hoffe ich damit eine Lücke in der Fachliteratur zu schließen. Dabei bin ich mir wohl bewußt, daß manche Teile meiner Arbeit nicht so vollständig sind wie es anzustreben und wünschenswert ist; bei der Schwierigkeit der Verhältnisse möchte ich sie als Anfangsarbeiten und Grundlagen betrachtet wissen, die zu weiterem Ausbau anspornen sollen und habe ich einige Male hingewiesen, wo weitere Forschungen einzusetzen hätten.

Da meine Untersuchungen einerseits für die weiten Kreise der Maschinenindustrie geschrieben sind, die sich mit dem großen Gebiete der Abwärmeverwertung befassen, ich aber andererseits auch hoffe, daß diese Arbeit vor allem in den Kreisen der Zellstoff- und Papierfabrikanten Aufmerksamkeit findet, so glaube ich den Wert der Arbeit dadurch zu erhöhen, daß ich es mir zur Aufgabe machte die Literaturangaben aus beiden Teilgebieten möglichst ausführlich zu bringen, da ja die Veröffentlichungen aus der Zellstoffindustrie den in der Abwärmeverwertung arbeitenden Ingenieuren ziemlich ferne liegen, und es umgekehrt ebenso wichtig für die Zellstoff- und Papierfachleute ist, daß sie sich über die verschiedenen oft nicht ganz einfachen Gebiete, deren Kenntnis zur richtigen wärmetechnischen Beurteilung ihrer Betriebe unerläßlich ist, eingehend unterrichten können.

Einführung in die Zellstoffabrikation.

In der Natur der Arbeit liegt es, daß ich des öfteren auf die Fabrikation des Sulfitzellstoffes näher eingehen muß. Vor Eintritt in die Wärmetechnik und Wärmewirtschaft dieser Fabrikation möchte ich, da ich die Herstellungsarbeiten des Zellstoffes nicht als allgemein bekannt voraussetzen kann, ganz kurz einige einführende Bemerkungen über den Zellstoff und die wesentlichsten Fabrikationsvorgänge vorausschicken.

Zellstoff nennt man die auf chemischem Wege aus dem Holz und dessen inkrustierenden Bestandteilen freigelegte Zellfaser. Je nachdem als Lösungsmittel Ätznatron oder schwefelsaures

Natron oder Bisulfitlauge angewandt wird, unterscheidet man Natron-, Sulfat- und Sulfitzellstoff. Letzterer hat überhaupt und insbesondere in Deutschland größere Bedeutung als die beiden ersten Arten[1]) und beschränkt sich daher die vorliegende Arbeit lediglich auf Sulfitzellstoff. Seinem Verwendungsgebiet nach stellt er einen wichtigen, heutzutage unentbehrlichen Halbstoff für die Papierfabrikation dar, und ist das wichtigste Ersatzmittel für Lumpenhalbstoff. Außerdem gewinnt der Zellstoff als Ersatzmittel für die Baumwolle immer höhere Bedeutung zur Herstellung von Nitrozellulose in der Sprengstoffindustrie.

Für die Sulfitzellstoff-Fabrikation kommt bis jetzt fast ausschließlich Tannen- oder Fichtenholz zur Verwendung. Das aus den Wäldern kommende Holz, das gewöhnlich in 1 oder 2 m langen Stämmen angeliefert wird, durchläuft hintereinander vier scharf voneinander zu trennende Arbeitsvorgänge, nämlich:

1. die mechanische Vorbereitung des Holzes zum Kochprozeß in der Holzvorbereitung (Putzerei);

2. die chemische Aufschließung des Holzes;

3. die mechanische Aufbereitung des so gewonnenen Zellstoffes in der Separation;

4. die Entwässerung des stark mit Wasser verdünnten Zellstoffes auf der Entwässerungsmaschine zum versandfertigen Halbstoff.

In der Holzputzerei wird das Holz zuerst auf Kreissägen auf die für die nachfolgenden Arbeitsmaschinen passende Länge geschnitten, worauf dann dessen Schälung an meist senkrecht umlaufenden Messerscheiben erfolgt. Die geschälten Holzknüppel durchlaufen nun die sogenannten Hackmaschinen, in denen ebenfalls wieder durch kreisende Messer schräg zur Stammachse des Holzes Scheiben abgeschnitten werden, die schließlich durch Schlägerwerke noch weitgehendere Zerkleinerung erfahren. Die so gewonnenen Holzschnitzel werden auf Sieben von verschiedener Maschenweite gewöhnlich in drei Größen ausgeschieden, nämlich:

1. in das feine stiftenartige Abfallholz;

2. in die Äste und Knorpeln;

3. in das gute zum Kochen in erster Linie geeignete Holz.

---

[1]) Die ungefähre Zellstoffproduktion betrug in Deutschland 1908: Sulfatzellstoff . . ca. 50 000 t (Kirchner, „Das Papier", 3 C, S. 614): Natronzellstoff . . „ 20 000 „ } (Dr. Carl G. Schwalbe, „Chemie der Sulfitzellstoff . . „ 682 000 „ } Cellulose" S. 522.)

Transportvorrichtungen bringen letzteres in die über den Kochern gelegenen Holzsilos, während die unter Nummer 1 und 2 genannten Abfälle aufbewahrt und zu minder wertvollem Zellstoff verkocht werden.

In der Kocherei werden in geschlossenen Kochgefäßen von oft sehr beträchtlicher Größe aus dem Holz durch Behandlung mit erhitzter Bisulfitlauge die Inkrusten und harzigen Bestandteile gelöst und mit der Kochlauge als Abfallstoffe abgeführt, da es trotz vieler Bemühungen noch nicht gelungen ist, eine allgemein brauchbare Nutzbarmachung der Ablaugen im Großbetrieb zu ermöglichen[1]). Der Zellstoff selbst bleibt im Kocher zurück und wird dann selbsttätig oder von Hand in Gruben entleert.

In der Stoffaufbereitung oder Separation erfährt der aus der Stoffgrube kommende Zellstoff, der nur mehr einen geringen mechanischen Zusammenhalt hat, durch Schlägerwerke seine weitere Aufschließung. Durch Siebzylinder werden dann Äste und Knorpeln, die trotz der Sortierung in der Holzputzerei noch im Holz geblieben sind, und die infolge ihrer festeren Beschaffenheit sich nicht verkochen, ausgeschieden. Weitere mechanische Verunreinigungen und Beimengungen bleiben durch ihr größeres spezifisches Gewicht in den Sandfängen, über die der Stoff langsam in der 300 bis 400 fachen Wassermenge schwimmend, hinzieht, liegen. Die letzten ungeeigneten Bestandteile im Stoff, vor allem gelbliche Splitter, halten die Knotenfänger, das sind Siebe mit Schlitzen von Bruchteilen von Millimetern zurück.

Dem so vorbereiteten Stoff muß nun soviel Wasser entzogen werden, daß er in feuchter oder trockener Pappenform in den Handel gebracht werden kann. Der Entwässerungsmaschine, die diesen Teil der Fabrikation übernimmt, sind zur Vorarbeit mit Sieben überzogene Eindicktrommeln vorgeschaltet, die eine große Menge Wasser abschöpfen. Auf der Maschine selbst wird der Stoffbahn durch Entwässern auf Sieben, durch Pressen und durch Führung über Trockenzylinder das überschüssige Wasser entzogen, so daß der Stoff hinter der Maschine verkaufsfähige Zellstoffpappe mit nur mehr wenigen Hundertteilen Wassergehalt geworden ist.

---

[1]) Dr. Max Müller, Finkenwalde bei Stettin, „Literatur der Sulfitblauge", Verlag der Papierzeitung, Berlin.

Trockener Zellstoff kommt meist in Blattform in den Handel, und wird auf hydraulischen Pressen zu Ballen gepackt.

Wird der Zellstoff zur Erzielung einer größeren Weiße gebleicht, so schiebt sich der Bleichprozeß, der als Kasten- oder Holländerbleiche unter Chloranwendung oder seltener als elektrolytische Bleiche vor sich geht, entweder zwischen die eben erwähnten Eindicktrommeln und die Entwässerungsmaschine ein, und als Endprodukt verkauft dann die Zellstoffabrik gebleichten hochweißen Stoff; oder aber der Zellstoff verläßt die Fabrik ungebleicht und die Bleiche wird in der einen oder anderen Form in der Papierfabrik, die den Stoff verarbeitet, vorgenommen. Da das Bleichen keinen notwendigen Bestandteil der Fabrikation, sondern schon mehr einen Veredlungsvorgang des Zellstoffes darstellt, so liegt ein weiteres Eingehen darauf nicht im Rahmen dieser Arbeit.

Parallel zu dem eben besprochenen Hauptbetrieb laufen mindestens zwei Hilfsbetriebe. Der erste umfaßt die Laugenbereitungsanlage, die zur Herstellung der für die Kochung nötigen Bisulfitlauge dient. Es werden durch Rösten von Schwefelkiesen oder auch durch Verbrennen von reinem Schwefel, hier und da auch durch Verarbeitung der Gasreinigungsmasse aus der Leuchtgasfabrikation SO_2 haltige Gase gewonnen, die man nach entsprechender Kühlung in kalksteingefüllten Absorptionstürmen im Gegenstrom zu fein verteilt herabrieselndem Wasser aufströmen läßt. Die auf diesem Wege hergestellte flüssige Bisulfitlauge steht dann in hölzernen oder gemauerten Behältern für die weiteren Kochzwecke bereit.

Der zweite Hilfsbetrieb ist das Kraft- und Heizwerk zur Erzeugung der zum Betrieb der Arbeitsmaschinen nötigen Kraft sowie des für die Fabrikation in Betracht kommenden Heiz- und Kochdampfes. Hierüber wird im Laufe der Arbeit noch eingehend zu sprechen sein.

Was nun den fertigen Sulfitzellstoff anbelangt, so unterscheidet man vor allem gebleichten und ungebleichten Stoff, und zwar jeweils in feuchtem und trockenem Zustand. Feuchter Zellstoff besitzt einen absoluten Trockengehalt von 30—40 vH. und gestattet daher wegen der Frachtkosten nur Versand in geringe Entfernungen. Trockener Zellstoff hat einen absoluten Trockengehalt von 80—88 vH. Je nach dem zukünftigen Verwendungszweck in der Papierfabrik fertigt man festen, normalen, pergamentierfähigen und bleichfähigen Zellstoff an, und es werden diese vier kennzeichnenden Eigenschaften durch besondere Führung des Kochprozesses herausgearbeitet. Da der Zellstoff in verschiedenen Trockengehalten in den Handel kommt, andererseits die Arbeitsmaschinen Zellstoff mit großen Unterschieden im Trockengehalt verarbeiten, so ist es in den technischen und kaufmännischen Betrieben der Zellstoffindustrie durchwegs üblich mit 100 kg lufttrocken gedachtem Zellstoff ungebleicht oder gebleicht als allgemeiner Bezugseinheit zu rechnen, also alle Ausbeutezahlen, Angaben über Leistungsfähigkeit von Maschinen usw. auf diese Größe zu beziehen. Dabei ist übereinstimmend festgelegt, daß als „lufttrocken" 88 vH. von „absolut trocken" zu gelten hat, so daß umgekehrt sämtliche lufttrockenen Werte mit dieser Zahl auf absolut trockene Werte, die bei Durchführung von Berechnungen und Versuchen weit geeigneter sind, umgerechnet werden können. Dabei ist streng zwischen lufttrockenem, ungebleichten und lufttrocken gebleichtem Stoff zu unterscheiden, da diese Werte infolge des Bleichverlustes um 10—20 vH. auseinanderliegen. Da der Bleichungsvorgang in dieser Arbeit nicht näher behandelt wird, ist hier unter lufttrockenem Stoff stets ungebleichter zu verstehen.

Die Kochung und ihr Wärmebedarf.

Der Kochungsvorgang im allgemeinen.

Von diesen einleitenden Bemerkungen zum eigentlichen Thema der Arbeit übergehend, soll nun zuerst die Kochung und ihr Wärmebedarf besprochen werden, da in ihr der Schwerpunkt der ganzen Fabrikation liegt.

Das Wesen der Kochung besteht darin, daß die unter Druck erwärmte Bisulfitlauge von etwa 106° C an die inkrustierenden Bestandteile der Faserzellen löst und die Faser auf chemischem Wege[1] freilegt. Um diesen eigentlichen Lösungsvorgang gruppieren sich vorbereitende und nachfolgende Arbeiten, so daß eine ganze Kochung wesentlich in folgende sieben Abschnitte zerfällt:

---

[1] Es ist dies der grundsätzliche Unterschied vom Holzschliff, bei dem die Zellfaser durch mechanisches Schleifen mit Steinen gewonnen wird und die Teile der Zelle in den Inkrusten eingebettet bleiben.

1. in das Füllen des Kochers mit Holz mit oder ohne Einstampfen der Holzschnitzel;

2. in das Füllen des Kochers mit Lauge;

3. in das Einlassen des Dampfes und das Ankochen auf etwa $106°$ C;

4. in das Lösen der Inkrusten;

5. in das Abstoßen der freien SO_2-Gase zur Wiedergewinnung für die Laugenbereitung;

6. in das Ablassen der Lauge;

7. in das Leeren des Kochers.

Die Vorgänge 3 und 4 umfassen das Kochen im engsten Sinne und sie kommen vor allem für die wärmetechnischen Untersuchungen in Frage, während die Abschnitte 1, 2, 5, 6, 7, die sogenannten Zwischenarbeiten vorstellen. Von sämtlichen genannten Punkten kann nach der heute üblichen Kochweise keiner ausfallen, im Gegenteil schaltet sich je nach dem Fabrikationsgang zwischen die Abschnitte 1 und 2 noch das Dämpfen ein.

Den Kocher selbst, seine Art und Konstruktion setze ich bei diesen Betrachtungen als bekannt voraus[1]). Es sei nur noch hervorgehoben, daß heute für Neubauten und auch — wenn irgend möglich — für Umbauten nur mehr der moderne stehende Kocher aus Flußeisenblech in Frage kommt. Um noch die Größe der neuzeitlichen Zellstoffkocher zu kennzeichnen, mag erwähnt werden, daß bei Neuanlagen Kochergrößen von etwa 5,5 m Durchmesser mit etwa 250 m³ Rauminhalt häufig anzutreffen sind; es wurden aber in allerneuester Zeit diese Ausmaße noch bedeutend überschritten, so daß unter den Dampfgefäßen die Zellstoffkocher jedenfalls die größten sind. Da die Kochlauge das Eisen äußerst stark angreift[2]), so ist der Kocher innen gegen Säureangriff zu schützen. Die früher zu diesem Zweck viel gebräuchliche Bleiauskleidung der Kocher ist heute verlassen und es kommt nur mehr ihre Ausmauerung in Frage. Für vorliegende Arbeit hat die Auskleidung erhöhte Bedeutung, da sie neben ihrer Haupt-

---

[1]) Vergleiche: Kirchner, „Das Papier", Bd. 3 C, S. 362ff. — Hoffmann, „Handbuch der Papierfabrikation", S. 1522. — Schubert, „Die Zellulosefabrikation".

[2]) Zschimmer, „Über den Angriff der Außenwandungen eiserner Zellstoffkocher durch Sulfitlauge". Zeitschr. d. Bayer. Revisionsvereins 1911, S. 197.

aufgabe, dem Säureschutz, noch eine sehr wirksame innere Isolierung des Kochermantels gegen Wärmeausstrahlung bewirkt. Für die Ausmauerung der Kocher liegen eine ganze große Reihe von Ausführungen vor, besonders was das Mischungsverhältnis der verschiedenen Massen anbelangt, die meistens auch patentiert sind; teilweise haben sie sich gar nicht oder nur schlecht bewährt. Es gehört nicht zur Aufgabe dieser Arbeit, sie alle zu besprechen und muß hier auf die schon angegebenen Werke von Hofmann, Kirchner und Schubert verwiesen werden. Nur zwei der wichtigsten grundsätzlich aber scharf zu unterscheidenden Ausmauer-

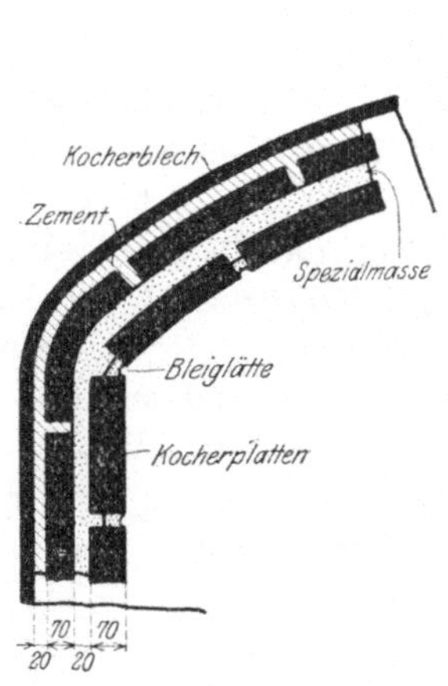

Fig. 1. Ausmauerung nach System der Stella-Werke.

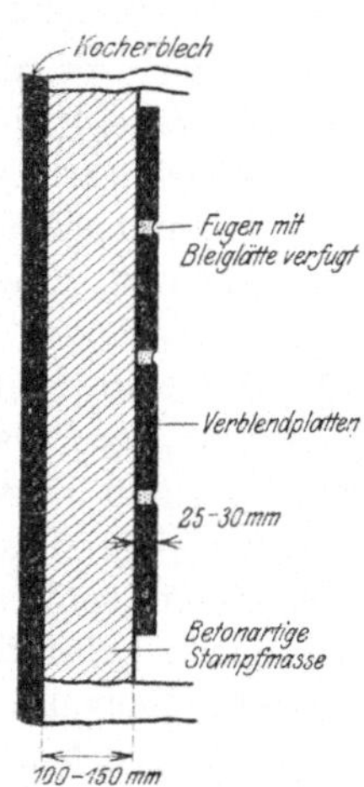

Fig. 2. Ausmauerung nach System „Kupka".

ungsarten möchte ich kurz erwähnen. Bei der einen wird der Kocher mit einer doppelten in den Fugen versetzten Schicht aus säurefesten Schamotteplatten ausgemauert[1]), wobei die Steine in normaler Weise gesetzt werden und das Ausgießen mit Zementmasse erfolgt. Die Ausführung einer solchen Ausmauerung zeigt Fig. 1. Bei dem anderen System[2]) wird der ganze Kocher wie aus aus Fig. 2 zu ersehen ist, mit einer 100—150 mm starken Schicht, die aus einer Mischung von Zement und säurefestem Schamottegries mit einigen Zutaten besteht, unter festem Stampfen aus-

---

[1]) Ausführung der Stellawerke G. m. b. H., Homberg am Niederrhein.
[2]) Ausführung der Firma Kupka, Wien.

betoniert. Es ist also für diese Ausführung in dem ganzen Kocher eine innere Schalung nötig, während die äußere Schalung durch die Kocherbleche selbst gebildet wird. Wenn die innere Auskleidung fertig betoniert, erhärtet und ausgeschalt ist, wird sie — mehr zum äußeren Abschluß — mit einer Schicht dünner Verblendplatten verkleidet. Den wirksamen Schutz des Bleches gegen Säureangriff bildet also hier die Stampfmasse, bei der erstgenannten Ausführung dagegen der doppelte Plattenbelag. Wenn man bedenkt, daß diese Auskleidungen wiederholten raschen Druckwechseln, schroffen Temperaturänderungen und dem Angriff der Kochlauge ausgesetzt sind, so muß man sich über die Dauerhaftigkeit und Festigkeit einer solchen Auskleidung, die bei guter Instandhaltung viele Jahre überdauert, wundern. Eine sachgemäß ausgeführte und gut gepflegte Ausmauerung ist sehr wichtig, da sie für den Kocher eine Lebensfrage darstellt.

In der Art der Kochung sind von vornherein zwei verschiedene Richtungen zu unterscheiden, nämlich das Ritter - Kellner und das Mitscherlich-Kochverfahren. Für ersteres sind höhere Temperaturen und höhere Drücke sowie kurze Kochzeiten bezeichnend, für letzteres niedrigere Temperaturen und Drücke, aber auch längere Kochzeiten. Zwecks Wärmezufuhr wird beim Ritter-Kellnerverfahren der Heizdampf unmittelbar in das Kochgut eingelassen; beim Mitscherlich-Verfahren erfolgt die Erwärmung mittelbar durch Heizschlangen. Daher ist das Ritter-Kellner-Verfahren auch unter dem Namen „direkte" und das Mitscherlich-Verfahren unter dem Namen „indirekte" Kochung bekannt. Beide Kocharten waren früher, besonders was die Dauer der Kochzeit anbelangt, weit voneinander verschieden; sie nähern sich jedoch heutzutage, wo es hauptsächlich auf große Erzeugungsfähigkeit der Anlage und weitgehendste Kocherausnutzung ankommt, immer mehr, so daß die ehemals scharf auftretenden Unterschiede sich verwischen. Die meisten neuen Kocher für mittelbare Heizung sind auch unmittelbar heizbar und es bildet sich nicht selten die „Kombinierte Kochung" heraus, bei der hauptsächlich in der Ankochperiode zur Zeitersparnis direkter Dampf zugesetzt wird. In den folgenden 3 Figuren sind typische Kochschaubilder aus früherer Zeit wiedergegeben. Fig. 3 und 4[1]) zeigen eine Mitscherlich- und Ritter-

---

[1]) Kirchner, „Das Papier", Bd. 3 C, S. 353.

Kellner-Kochung mit gleichem Abszissenmaßstab, Fig. 5[1]) eine andere Mitscherlich-Kochung. Die Schaubilder lassen augenfällig

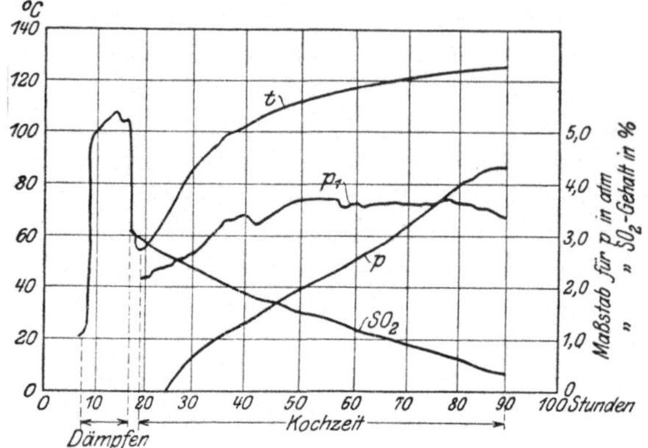

Fig. 3. Mitscherlich-Kochung.

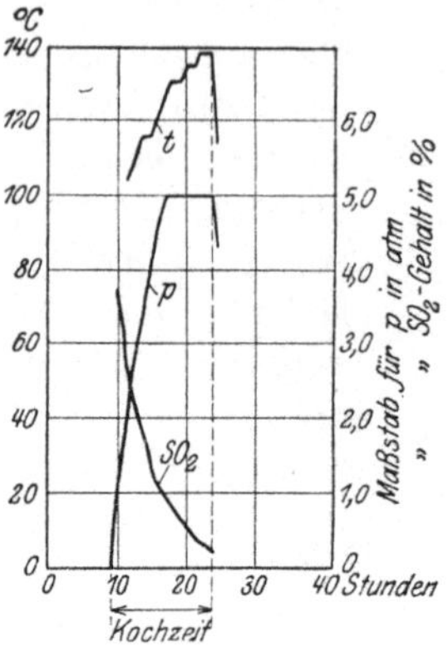

Fig. 4. Ritter-Kellner-Kochung.

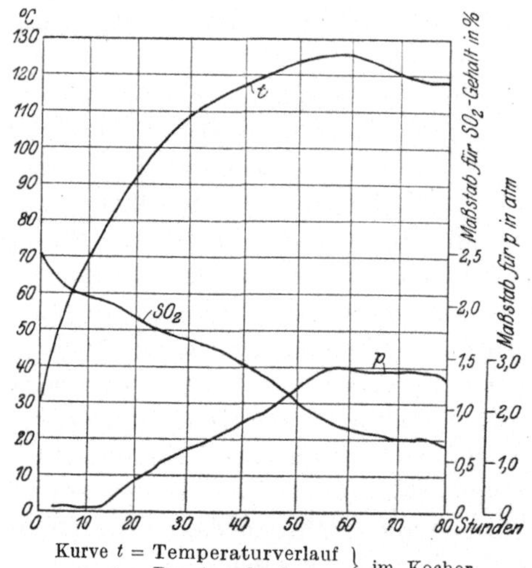

Kurve t = Temperaturverlauf ⎫
„ p = Druckverlauf   ⎬ im Kocher.
„ p_1 = Druckverlauf in der Schlange.
„ SO_2 = SO_2 Gehalt der Lauge.
Fig. 5. Mitscherlich-Kochung.

die großen Unterschiede in der Kochzeit erkennen und geben zugleich ein Bild des Verlaufs der Kochung selbst, indem sie das Verhalten der drei maßgebenden Erscheinungen, nämlich der Temperatur, des Druckes und des SO_2-Gehaltes der Lauge, deutlich zeigen.

Verfolgen wir in Fig. 3 die Temperaturkurve, so zeigt sie zuerst eine durch den Vorgang des Dämpfens, auf den später noch näher eingegangen wird, hervorgerufene Temperatursteigerung im Kocher; sie fällt aber dann beim Einlassen der kalten Lauge beinahe

---

[1]) Harpf, „Beiträge zur Kenntnis der chemischen Vorgänge beim Sulfitverfahren". Dissertation Bern 1892.

senkrecht ab. Am tiefsten Punkte der Kurve erfolgt das Ankochen; die Temperatur steigt bis zur Höchsttemperatur von 125° C. Der dann kommende abermalige Abfall ist durch das Einlassen des kalten Waschwassers nach Beendigung der Kochzeit erklärt. Die eigentliche Kochzeit dauert also hier 72 Stunden. Das Schaubild zeigt ferner das allmähliche Steigen des Druckes sowie das Sinken des SO_2-Gehalts mit fortschreitender Kochung und es ist vorbildlich für jede Mitscherlich-Kochung, wenn sich dieselbe auch heutzutage zeitlich zusammenschiebt und in etwa dem dritten Teil der obigen Zeit verläuft. Im Gegensatz hierzu steht in Fig. 4 das Bild einer Ritter-Kellner-Kochung. Gedämpft wird nicht, alles spielt sich viel rascher ab, Druck- und Temperaturkurve steigen steiler an, die SO_2-Kurve fällt rascher ab. Die Höchsttemperatur ist mit 139° C höher wie oben. Im Gegensatz zur Mitscherlich-Kochung hat die Ritter-Kellner-Kochung heutzutage gegen früher keine wesentliche Beschleunigung erfahren.

Die Wärmeübertragung an den Kocherinhalt.

Bei der Betrachtung des Kochvorgangs drängt sich vor allem die Frage auf, warum Wärme bei der Lösung der Inkrusten nötig ist und warum die Lösung unter Druck vor sich gehen muß? Wärme ist nun beim Kochen deshalb zuzuführen, weil die Bisulfitlauge erst bei einer Temperatur von etwa 106° C an die Inkrusten des Holzes zu lösen beginnt; der Vorgang muß sich ferner unter Druck abspielen, weil sich die warme Säure im Wasser bei höheren Drücken viel leichter löst als bei Atmosphärendruck. Es ist daher wichtig, um möglichst viel SO_2 bis zur Lösung der Inkrusten in der Lauge zu behalten, während der Ankochzeit möglichst rasch mit dem Druck hochzugehen.

Einen ganz anderen Zweck hat das früher bereits erwähnte Dämpfen der Kocherfüllung. Es ist lediglich eine vorbereitende Arbeit und besteht darin, daß in dem Kocher, wenn er mit Holzschnitzel vollgefüllt ist, bei offenem oberen Deckel — also ohne Druck — so lange von unten Dampf eingelassen wird, bis das Holz ganz mit Dampf durchsetzt und eine Temperatur von 90—95° C erreicht ist. Durch diesen wichtigen Teilvorgang wird das Holz erstens aufnahmefähiger für das Eindringen der Lauge gemacht, zweitens gehen durch diese Behandlung des Holzes gewisse, für die weitere Kochung schädliche Terpene ab, und drittens ist ein Hauptvorteil des Dämpfens auch der, daß sich die Holzschnitzel dadurch, daß sie durch das Dämpfen erweicht und weniger sperrig werden, unter ihrem eigenen Gewicht bedeutend zusammensetzen, so daß also noch Holz nachgefüllt werden kann, wodurch sich eine größere Kocherausbeute erreichen läßt.

Nach Begründung des Wärmebedarfes sind über die Art des Wärmeträgers sowie über die Größe der nötigen Wärmemenge und deren zeitliche Verteilung nähere Untersuchungen anzustellen. Als Wärmeträger kann bei der später zahlenmäßig festzulegenden sehr großen Wärmemenge einzig und allein Wasserdampf in Frage kommen. Heißes Wasser sowie Abgase von Verbrennungsmaschinen scheiden aus diesem Grunde von vornherein aus und die Untersuchung kann sich lediglich auf Wasserdampf beschränken. Druck- und Temperaturgrenzen für den zu verwendenden Kochdampf sind aus der Fabrikation abzuleiten. Die Mindesthöhe des Dampfdrucks ist beim direkten Verfahren eindeutig durch den Druck im Kocher bestimmt, der nach den vorliegenden Fabrikationserfahrungen über 6 Atm. abs. wohl nicht gesteigert wird. Zum kräftigen Einströmen des Dampfes ist ein Druckunterschied nötig und es ist also die untere Grenze des Kesseldruckes mit 8 Atm. abs. anzunehmen. Beim indirekten Verfahren ist der Dampfdruck theoretisch unabhängig vom Kocherdruck, der bei dieser Kochungsart 4,5 Atm. kaum übersteigt. Auch hier ist ein gewisser Druckunterschied zwischen Kesseldruck und höchstem Kocherdruck vorteilhaft, da bei Undichtheiten an den Heizrohren, die nie ganz zu vermeiden sind, Lauge in die Dampfleitungen und in die Kessel kommen könnte, was bei ihrer Natur schwere Schädigungen für diese Teile bedeuten würde. Der Dampfdruck der Kessel wäre also hier zweckmäßig mit mindestens 6,5 Atm. zu wählen. Berücksichtigt man nun, daß heutzutage oft mit kombinierter Kochung gearbeitet werden muß, so ist als Schlußfolgerung auszusprechen, daß der Druck der Kessel, die den Heizdampf für die Kocher liefern, mit mindestens 8 Atm. abs. festzulegen ist, und gilt dieser Druck auch, wenn der Dampf als Zwischendampf einer Kraftmaschine entnommen wird.

Was nun die Temperatur des Kochdampfes betrifft, so ist natürlich mit Rücksicht auf die Wärmeübertragung eine möglichst hohe Temperatur zur Erzeugung großer Temperaturgefälle zwischen

Kochgut und Wärmeträger anzustreben. Als Richtschnur dient hier die nicht zu überschreitende Höchsttemperatur des Kocherinhalts, die heute bei Mitscherlich-Kochungen zu 135° C, bei Ritter-Kellner-Kochungen zu 148° C angegeben werden kann. Temperaturen der Lauge von über 160° C sind zu meiden, da sich in der Lauge schon bei solchen, die nahe an 180° C liegen, nach der Reaktion $3\,SO_2 = 2\,SO_3 + S$ freier Schwefel und Schwefelsäure bildet[1]). Die entstehende Schwefelsäure bindet aber den in der Kochlauge vorhandenen Kalk, der sonst zur Neutralisation der in ungebundener Form für die Kochung schädlichen Lignosulfosäure dient, die, wenn sie nicht neutralisiert wird, die Ursache sein kann, daß die ganze Kochung durch mehr oder weniger starke Braunfärbung des Kochgutes verloren geht oder doch bedeutend minderwertiger ausfällt. Die obige Reaktion tritt auch schon in den Temperaturgrenzen von 106—140° C auf, doch nimmt sie erst im Bereich noch höherer Temperaturen in schädlicher Weise an Umfang zu. Aus diesen Gründen ist also jedenfalls eine, wenn auch nur örtliche Erhitzung der Lauge auf über 160° C zu vermeiden, zumal außerdem durch zu hohe Temperaturen die Zellstoffasern angegriffen und teilweise zersetzt werden, so daß Ausfälle an den Kocherausbeuten eintreten.

Über die Eignung von nassem, trockenem oder überhitztem Dampf ist zu sagen, daß bei Ritter-Kellner-Kochungen nasser Dampf in seiner Wirkung nicht nur unzweckmäßig und unwirtschaftlich, sondern für das Fabrikationsgut direkt schädlich wirkt. Durch den unmittelbar in die Lauge einströmenden Dampf wird diese besonders im Anfang der Kochung ohnedies schon bedeutend geschwächt.

Diese notgedrungen in Kauf genommene Schwächung muß in geringsten Grenzen gehalten werden; nasser Dampf würde aber das Übel vermehren und schlecht aufgeschlossenen Stoff liefern. Für Mitscherlich-Kochungen fällt dieser Grund natürlich fort, doch gibt trocken gesättigter Dampf auch in den Heizschlangen die besten Verhältnisse für den Wärmedurchgang durch die Rohre. Was nun den überhitzten Dampf betrifft, so habe ich oben dargelegt, daß Temperaturen der Lauge von über 160° C

---

[1]) Dr. Klason, „Unregelmäßiger Gang von Sulfitstoffkochungen und dessen Ursachen". Bericht über die Hauptversammlung des Vereins der Zellstoff- und Papierchemiker 1909, S. 61.

unbedingt vermieden werden müssen. Daraus folgt, daß überhitzter Dampf, der diese Temperaturen wesentlich übersteigt,
besonders für das Ritter-Kellner-Kochverfahren, bei dem er
mit dem Kochgut unmittelbar in Berührung kommt, nicht
verwendbar ist. Beim Mitscherlich-Verfahren ist dieser Punkt
weniger ängstlich zu nehmen, doch ist auch hier wegen der Gefahr
örtlicher Überhitzung Dampf von mehr als 200° C nicht zu verwenden; außerdem erscheint überhitzter Dampf wegen seiner
schlechten Wärmeübertragung zur Anwendung in Heizrohren
überhaupt ungeeigneter. Aus alledem folgt die Forderung, daß
der für die Kochung bestimmte Dampf vollständig trocken in
den Kocher eintreten muß, wofür die größte Sicherheit besteht,
wenn er kurz vor demselben noch 5—10° C Überhitzung aufweist.
Eine größere Überhitzung an den Dampfentnahmestellen der
Kessel oder einer Kraftmaschine ist zweckmäßig, sie muß aber
derartig abgeglichen werden, daß sie gerade die Wärmeverluste
in den oft recht langen und weiten Leitungen vom Kessel- oder
Maschinenhaus zu den Kochern deckt. Die Ritter-Kellner-Kocher
erfordern dabei mehr Rücksicht auf die Eigenschaften des Dampfes
als die Mitscherlich-Kocher.

Die Mittel zur Übertragung der Wärme vom Wärmeträger an
dem Wärmeempfänger sind die Heizungsvorrichtungen. Solche
bestehen beim Ritter-Kellner-Kocher einzig und allein in der
Anordnung eines Dampfeintrittsstutzens am tiefsten Punkte des
Kochers, durch den der Dampf durch sein natürliches Druckgefälle in das Kochgut einströmt. Die Wärmeübertragung an
dieses erfolgt ohne jedes Zwischenglied durch unmittelbaren
Wärmeaustausch. Eine sehr wichtige Rolle spielen im Gegensatz
hierzu die Heizeinrichtungen für die Mitscherlich-Kocher; sie
sind aber, um dies gleich im voraus zu betonen, in der Form,
die heute üblich ist, wärmetechnisch und mechanisch noch sehr
verbesserungsfähig. Während früher fast nur die zu vielen Anständen Veranlassung gebenden Bleischlangen in Gebrauch waren,
werden heute allgemein Kupferschlangen vorgezogen, die gewöhnlich korbartig an den Wandungen im unteren Teil des Kochers
aufgebaut werden[1]). Diese Art der Anordnung hat den Vorteil,
daß das Innere des Kochers beim Füllen und Leeren vollständig

---

[1]) Ausführung der Firma Voltz Sohn, Frankfurt a. M.; siehe auch
Fig. 15 und 16, Seite 31

frei zugänglich bleibt, sie bringt aber den Nachteil, daß sie das
Mauerwerk verdeckt, also die wichtige Beaufsichtigung desselben
zum mindesten erschwert und Ausbesserungen sehr zeitraubend
macht, da immer vorher Teile der Heizvorrichtung ausgebaut
werden müssen. Außerdem liegen die Schlangen unmittelbar an
der Kocherwand, übertragen also unnötigerweise bedeutend mehr
Wärme an sie, als wenn die Heizvorrichtung mitten im Kocher
liegen würde. Die zentrale Anordnung der Heizvorrichtung
vertritt im Gegensatz dazu Offenheimer in der ihm geschützten
Heizvorrichtung Fig. 6, sowie Jablonsky in ähnlicher Ausführung nach Fig. 7. Das Hauptmerkmal der in wärmetechni-

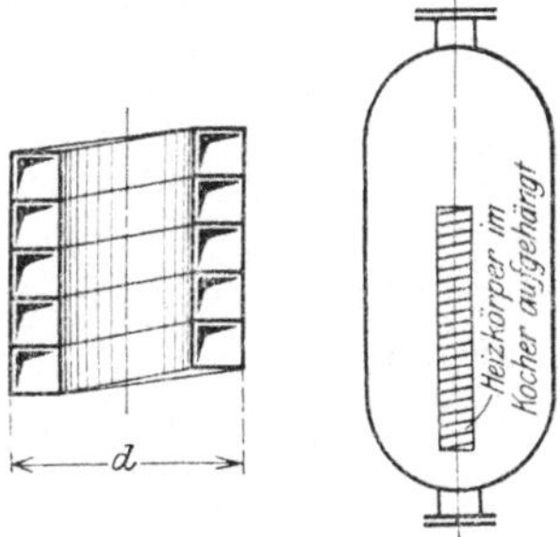

Äußerer Durchmesser *d* kleiner als
lichter Fahrhut-Durchmesser.
Fig. 6. Heizvorrichtung von
Offenheimer.

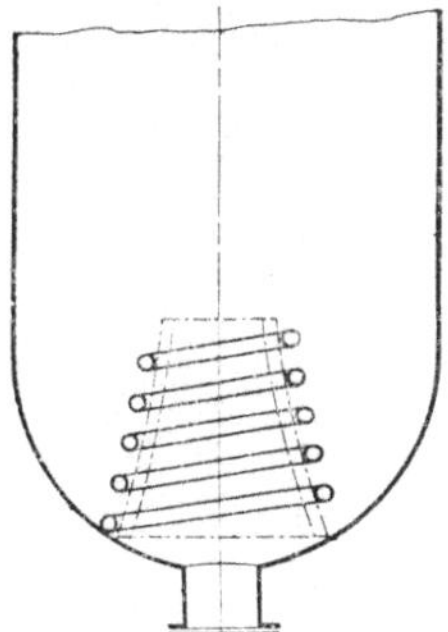

Fig. 7. Heizvorrichtung
von Jablonsky.

scher Hinsicht sehr beachtenswerten Offenheimerschen Heizvorrichtung[1]) ist, daß nicht wie bisher die Schlangen an die Wände
des Kochers gelegt werden, sondern als zusammenhängender
Körper von solchem Durchmesser in der Mitte des Kochers Anordnung findet, daß sie bequem durch den oberen oder unteren
Fahrhut des Kochers ausgewechselt werden können. Wärmetechnisch bietet diese zentrale Anordnung den großen Vorteil, daß die
Heizkörper in den zu heizenden Stoff eingebettet sind, und nicht
wie bei den sonst üblichen Heizeinrichtungen mit der einen Seite
an der Kocherwand liegen. Die Ausführung von Jablonsky[2])
ist ein Mittelding zwischen den Schlangen nach Bauart Voltz
und denen nach Offenheimer und hat sich wegen des unge-

[1]) Offenheimer, D. R. P. 101 906.
[2]) Jablonsky, D. R. P. 137 063.

schützten Aufbaues im Kocher nicht bewährt. Trotz der bestehenden wärmetechnischen Vorteile, die beide Anordnungen zweifelsohne bieten, konnten sie sich nicht allgemein einführen, da die in Kochermitte angeordnete Heizeinrichtung beim Kocherfüllen und -leeren zu sehr hinderlich ist, und da eine sichere Lagerung und Befestigung der Heizkörper große Schwierigkeit mit sich bringt.

Von starkem Einfluß auf den Verlauf und die Länge der Kochung ist die Größenbemessung der Heizvorrichtung, die uns angibt, wieviele m² Heizfläche auf 1 m³ Kochervolumen in ausführbarer Weise untergebracht werden können. Durch Nachrechnung ausgeführter Anlagen nach diesem Gesichtspunkt fand ich, daß wenn

V das Bruttovolumen des Kochers in m³,

H die Heizfläche der Schlangen in m² bedeutet:

$H = 0,24 \ V$ bis $0,38 \ V$ bei kupfernen und

$H = 0,40 \ V$ bis $0,55 \ V$ bei bleiernen Schlangen

häufig vorkommende Werte sind. In neuester Zeit, in der auf möglichst geringe Kochzeit hingearbeitet wird, kommen die höher liegenden Zahlen obiger Verhältnisse mehr zur Geltung wie die niedrigeren.

Die Heizschlangen der Zellstoffkocher besitzen trotz der Ausführung in Kupfer mit Bronzeverschraubung eine verhältnismäßig kurze Lebensdauer, da selbst diese Baustoffe von der Lauge angegriffen werden, und sie außerdem vielen mechanischen Zerstörungseinflüssen ausgesetzt sind. Werden die Schlangen ständig beaufsichtigt und gut instandgehalten, so kann man mit einer Betriebsdauer von etwa 2 Jahren rechnen, nach welcher Zeit die Schlangen erneuert werden müssen. Da die Wandstärke dieser Heizrohre aus Gründen der Haltbarkeit zu 4—6 mm genommen wird, und andererseits große Kocher bis über 100 m² an Heizfläche erhalten müssen, so stellt bei dem hohen Gesamtgewicht an Kupfer die Heizvorrichtung eine sehr wertvolle Einrichtung dar, und es hätte bedeutende wirtschaftliche Erfolge, wenn sich Baustoffe finden ließen, die eine längere Lebensdauer eines damit gebauten Heizkörpers sicherstellen würden.

Die Heizeinrichtungen und die Art der Wärmezufuhr sprechen bei der Formgebung besonders des Kocherunterteils entscheidend mit. Ausgehend von der Forderung, daß im Kocher kein unge-

heizter Winkel bleiben darf, da sonst dort infolge mangelnden
Umlaufs das Holz nicht durchkocht, tritt beim Ritter-Kellner-
Kocher der Dampf an der tiefsten Stelle des Kochers ein. Um
beim Hochsteigen des Dampfes eine gleichmäßige Wärmevertei-

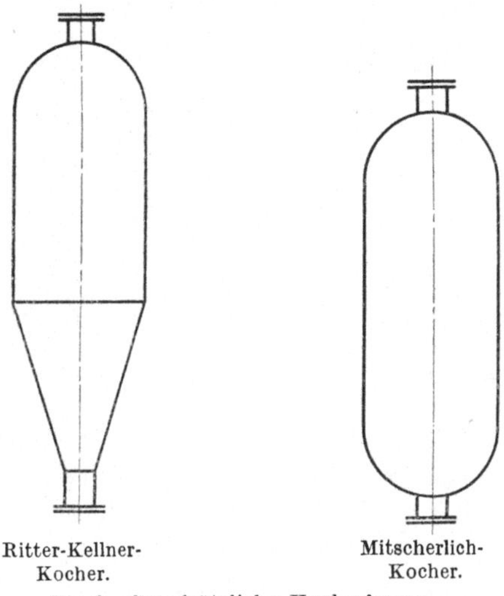

Fig. 8. Grundsätzliche Kocherformen.

lung zu sichern, erhält der Ritter-Kellner-Kocher seine ihm eigen-
tümliche Form in dem unten spitz zulaufenden Kegel. Beim
Mitscherlich-Kocher jedoch verlangt die nötige Grundfläche zur
Auflage der umfangreichen Heizschlange gerade das Gegenteil und
zeigt sich daher der untere Teil des Mitscherlich-Kochers als möglichst flache Kugelhaube, die bis zur Halbkugel übergehen kann.
In Fig. 8 sind beide Grundformen dargestellt.

Dampf- und Wärmeverbrauchsversuche.

Schon die Größe der Kochgefäße und der Heizeinrichtungen
läßt einen hohen Verbrauch an Wärme vermuten. Ausführliche
Versuchsangaben über den Dampfverbrauch bei Sulfitkochungen
sind nun in der einschlägigen Literatur kaum zu finden. Die wenigen Angaben, die ich ermitteln konnte, habe ich, trotzdem sie
unvollständig sind, und oft die wichtigsten Erläuterungen für
eine richtige Beurteilung vermissen lassen, der Vollständigkeit

wegen in Zahlentafel 1 zusammengestellt, deren einzelne Versuchsergebnisse jetzt noch näher besprochen werden sollen.

Zahlentafel 1.

Dampf- und Kohlenverbrauchszahlen von Sulfitkochungen aus der Literatur.

Vers. Nr.	Ausbeute in kg lufttr. Zellstoff	Eigenschaft des Stoffes	Holzverbrauch	Ausbeute pro rm	Kochzeit	Kochungsart	Heizfläche der Schlangen	Kohlenverbr. der Kochung	Dampfverbr. der Kochung	für 100 kg lufttr. Zellst.	
										Dampfverbrauch	Kohlenverbrauch
	kg		rm	kg	Std.		m²	kg	kg	kg	kg
1	9 150	fest u. hart	65	141	15	indirekt	—	4479	27 001	297	48
2	9 500	bleichfähig	70	136	$14^1/_4$	direkt	—	5043	30 684	323	53
3	10 000	—	—	—	—	indirekt	27	5500	44 000	440	50—60
4	2 322	—	—	—	—	direkt	—	—	8 970	386	48

Bei Versuch 1 und 2[1]) fehlen vor allem die genauen Angaben
über die Kochergröße. Nach der Ausbeute an lufttrockenem
Zellstoff läßt sich auf einen Kocherinhalt von 90—100 m³
schließen. Auch ist bei Versuch 1 die Heizfläche der Schlange und
bei beiden der Dampfdruck nicht angegeben, so daß sich, trotzdem
der Dampfverbrauch bekannt ist, der Wärmeverbrauch nur annähernd festlegen läßt. Klein bestimmt als Dampfverbrauch
für 100 kg lufttrocken gedachten Zellstoff beim ersten Versuch,
wo indirektes Kochverfahren angewandt war, 297 kg Dampf,
beim zweiten Versuch und direktem Kochverfahren 320 kg Dampf,
pro 100 kg lufttrockenem Zellstoff, wobei man eigentlich für das
direkte Kochverfahren, das etwas kürzere Kochzeit hatte, eine
kleinere Dampfverbrauchszahl erwarten sollte. Die vorliegende
Zahl 320 dürfte gegenüber dem Dampfverbrauch von 297 kg
bei indirekter Kochung vielleicht darin ihre Begründung finden,
daß der Stoff des zweiten Versuches als bleichfähiger Stoff und
daher mit höherer Temperatur gekocht wurde.

   Bei Versuch 3[2]), der an einem liegenden Kocher von 150 m³
Inhalt ausgeführt ist, fehlt vor allem die Angabe über den Baustoff
der Schlangen. Auch ist in der angegebenen Literaturstelle der

<hr>

[1]) Dr. H. Klein, „Kohlenverbrauch beim Sulfitverfahren“. Wochenbl.
f. Papierfabrikation 1911, S. 2147.
   [2]) Kirchner, „Das Papier“, Bd. 3 C, S. 391.

Dampfverbrauch mittelbar aus dem über längere Zeit beobachteten Kohlenverbrauch unter Zugrundelegung einer bekannten Verdampfungsziffer gerechnet. Der Dampfverbrauch von 440 kg für 100 kg Zellstoff schließt nach Angabe das Dämpfen mit ein. Auf den Gesamtdampfverbrauch hat aber der Umstand, daß gedämpft wird oder nicht, keinen merkbaren Einfluß. Im ersteren Fall wird nämlich eine gewisse Erwärmung der Lauge schon durch den die Dämpfung bewirkenden Dampf erreicht; im zweiten Fall geschieht sie erst während der Ankochzeit: die Gesamtwärme ist in beiden Fällen praktisch gleich. Der Dampfverbrauch von 440 kg für 100 kg Zellstoff muß also, trotzdem nur Dampf von 3 Atm. Verwendung fand, als sehr hoch bezeichnet werden. Er läßt sich wohl zwanglos durch sehr lange Kochzeit, deren Angabe leider in der Literaturstelle wieder fehlt, erklären, die um so wahrscheinlicher ist, als die Heizfläche der Schlange mit $H = 0{,}18\,V$ als recht niedrig angesehen werden muß. Bei Versuch 4[1]), der sich auf direkte Kochung bezieht, liegt ein sehr kleiner Kocher von nur 25 m³ Rauminhalt vor. Bei so kleinen Kochern sind, wie später ausführlich entwickelt wird, die Verhältnisse ungünstiger. Der Dampfverbrauch wurde hier mittelbar dadurch bestimmt, daß festgelegt wurde, um wieviel die in den Kocher gegebene Frischlauge sich durch das Dampfkondensat vermehrt hat. Es ist dies natürlich eine Bestimmung auf Umwegen, die nur bei kleinen Kochern möglich ist, und auch leicht zu Ungenauigkeiten führen kann. Der so gemessene Dampfverbrauch von 386 kg für 100 kg Zellstoff kann in Anbetracht des kleinen Kochers trotz des direkten Kochverfahrens fast als zu gering bezeichnet werden.

Der Grund, warum trotz des großen Vorteils, den derartige Versuche bieten, so wenige vorliegen, dürfte darin zu suchen sein, daß die Versuchsdurchführung auf mancherlei nicht geringe Schwierigkeiten stößt. Beim unmittelbaren Kochverfahren ist der Dampfverbrauch außer mit Dampfmessern kaum festzustellen, und auch diese Art der Messung gibt bei den großen Schwankungen im Dampfverbrauch mit den heute üblichen Dampfmessern nicht ganz befriedigende Ergebnisse. Die Beobachtung des in die Kessel gespeisten Wassers ist meist unmöglich, da fast immer mehrere Kocher zugleich kochen, und zu gleicher Zeit an denselben Kesseln

---

[1]) Kirchner, „Das Papier", Bd. 3 C, S. 347.

hängen aber zu verschiedenen Zeiten fertig werden. Der bei Versuch 4 gewählte Umweg läßt sich nur bei ganz kleinen Kochern begehen; der Dampfverbrauch dieser kleinen Kocher hat aber kaum Bedeutung, da in den Werken heute durchwegs die größeren und großen stehenden Kocher zu finden sind und die verhältnismäßig großen Ausstrahlungsverluste bei so kleinen Kochern das Ergebnis zu sehr beeinflussen. Der Dampfverbrauch bei Mitscherlich-Kochern kann, so lange nicht kombiniert gekocht wird, durch Messung des Niederschlagwassers aus den Schlangen festgestellt werden, wenn auch hier die Versuche wegen der langen Dauer der Kochung zeitlich sehr ausgedehnt werden.

Verfasser hat zur Klarlegung der Frage bei zwei verschiedenen Mitscherlich - Kochungen an zwei in allen Einzelheiten gleichen stehenden Kochern von einem Bruttoinhalt von 220 m³ den Dampfverbrauch durch Messung des Niederschlagwassers bestimmt. Daneben wurde auch die Temperatur des Kochgutes gemessen und bildlich aufgetragen. Die Heizvorrichtung bestand aus drei Kupferschlangen 80×90 mm Durchmesser von zusammen 90 m² Heizfläche, so daß also $H = 0{,}31 \, V$ zugrunde zu legen ist. Zwei dieser Schlangen durchliefen nebeneinandergeschaltet den Kocher, die dritte war eine im unteren Kocherteil gelagerte Bodenschlange. Die geringe Unterteilung der Heizeinrichtung und die Anordnung der Bodenschlange, die nur schwer zu reinigen war, müssen als ungünstig bezeichnet werden, daher ist auch die Ausnützung der Heizfläche schlecht. Eine Dämpfung des Kochgutes fand nicht statt. Der Kocher und seine Ausmauerung enthielt bei den Versuchen von der vorhergehenden Kochung her noch eine gewisse Wärmemenge, so daß die ganze Anlage in ihrem regelrechten Beharrungszustand war. Kühlt sich der Kocher infolge ungewöhnlich langen Stillstandes zwischen zwei Kochungen bis auf die Außentemperatur ab, so sind natürlich noch weit höhere Wärmemengen nötig und die Temperaturkurve hat anfangs einen ganz flachen Verlauf. Dieser Vorgang ist aber ein Ausnahmezustand.

Das zu der Zahlenaufstellung 2 gehörige Schaubild über den Temperaturverlauf und den mit der Kochung fortschreitenden Dampfverbrauch zeigt Fig. 9. Jedesmal lassen sich in der Temperaturkurve die beiden Hauptkochvorgänge unterscheiden, nämlich von der Anfangstemperatur bis zur Erreichung von etwa

Zahlentafel 2.
Versuchs-Ergebnisse.

		Mitscherlich I. b. fest	Mitscherlich I. b. fest
1	Art der Kochung	Kupferschlangen; 69 m²	Kupferschlangen; 69 m²
2	Art der Heizung; Heizfläche		
3	Kochergröße; Brutto in m³	225 m³	225 m³
4	Verhältnis von Heizfläche: Kochervolumen . . .	0,312	0,312
5	Dampfdruck vor dem Kocher	6,8 Atm. Überdr.	6,8 Atm. Überdr.
6	Dauer der Kochung (Dampfeinlaß — Abgasen) . .	26 Stunden	29 Stunden
7	Holzmenge in rm	115 rm	110 rm
8	Laugenmenge in m³ . .	160 m³	163 m³
9	Laugenzusammensetzung .	ges. $SO_2 = 4,8\%$; freie $SO_2 = 3,68\%$; geb. $SO_2 = 1,12\%$; $CaO = 0,98\%$; $5,6°$ Bé	ges. $SO_2 = 4,576\%$; freie $SO_2 = 3,296\%$; geb. $SO_2 = 1,28\%$; $CaO = 1,12\%$; $5,5°$ Bé
10	Ausbeute in kg lufttr. Zellstoff	16 231 kg	15 813 kg
11	Anfangstemperatur der Kochung in °C	27° C	30° C
12	Endtemperatur der Kochung in °C	130° C	135° C
13	Dampfverbrauch:		
	a) pro Kochung i. ganzen	44 200 kg	47 080 kg
	b) pro Stunde durchschnittlich	1 700 kg	1 589 kg
	c) pro 100 kg lufttr. Zellstoff	272 kg	298 kg
	d) pro 100 kg l. Zellst., Stunde u. 1° C Temp.	0,101 kg	0,098 kg
14	Wärmeverbrauch:		
	a) pro Kochung i. ganzen	23 212 956 WE	24 580 540 WE
	b) pro Stunde durchschnittlich	892 806 WE	847 600 WE
	c) pro 100 kg lufttr. Zellstoff	142 100 WE	155 600 WE
	d) pro 100 kg l. Zellst., Stunde u. 1° C Temp.	53,2 WE	51,2 WE
15	Wärmeübergang pro m² Heizfläche u. Stunde durchschnittlich . . .	12 900 WE	12 300 WE
16	Dampfpreis pro 1000 kg Dampf	2,80 M.	2,80 M.
17	Reine Kohlenkosten:		
	a) pro Kochung . . .	123,76 M.	131,80 M.
	b) pro 100 kg lufttr. Zellstoff	0,758 M.	0,835 M.

100° C das Ankochen, und von dort ab das Fertigkochen. Beim
Ankochen steigt die Temperatur mit durchschnittlich 5,9° C pro
Stunde steiler an, als während des Fertigkochens mit einer stündlichen Temperatursteigerung von 1,8° C. Meistens am Anfang und
immer am Ende des letzteren Zeitraumes bleibt der Kocher längere
Zeit auf der gleichen Temperatur stehen und ergibt sich daher eine
angenähert wagerechte Temperaturkurve. Ähnlich wie die Temperaturkurve verläuft die Dampfverbrauchskurve, die ebenfalls am
Schluß der Ankochzeit einen Richtungswechsel aufweisen muß.

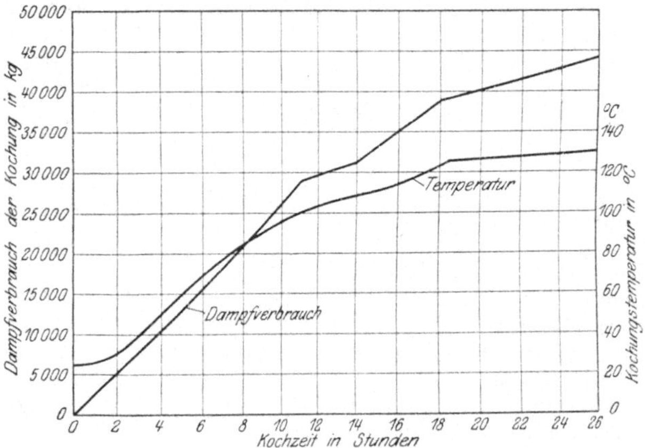

. **Fig. 9.**   Dampfverbrauch einer Mitscherlich-Kochung.

Vor allem ist zu ersehen, daß es sich bei einer Zellstoffkochung
um sehr große Dampf- und Wärmemengen pro Kochung handelt.
Die für die wärmetechnische Beurteilung des Kochungsvorgangs
wichtigsten Ergebnisse sind in beiliegender Zusammenstellung
enthalten. Der durch Versuch festgelegte Dampfverbrauch für
100 kg Zellstoff von **272** bzw. **298 kg** weist $\pm$ 5 vH. Abweichung
vom Mittelwert auf. Der Grund hierfür liegt in der ungleichen
Kochzeit und den Unterschieden zwischen den Temperaturen
am Anfang und am Ende der Kochung. Um einwandfreie Ver-
gleichswerte zu erhalten, sind diese veränderlichen Größen der
Kochung auszuscheiden; diese Ausscheidung ergibt den spezifischen Dampfverbrauch, der angibt, wieviel Dampf- bzw. Wärme-
einheiten für 100 kg lufttrockenem Zellstoff pro 1 Stunde Kochzeit
und 1° C Temperatursteigerung im Kocher nötig sind. Dieser

Wert muß nun für ein und dieselbe Kochergröße bei annähernd gleichem Füllungsverhältnis konstant sein. Leider läßt er sich bei keinem einzigen der auf Zahlentafel 1 aufgeführten Versuche berechnen, da nirgends hierzu die Angaben vollständig vorliegen. Bei meinen Versuchen ergibt sich der spezifische Dampfverbrauch zu 0,101 bzw. 0,098 kg/100 kg Zellstoff, 1 St, 1° C entsprechend 53,2 und 51,2 WE/100 kg Zellstoff, 1 St, 1° C, welche Werte nur mehr $\pm$ 2,0 vH. vom Mittelwert abweichen.

Zu der Berechnungsweise des spezifischen Dampfverbrauches ist noch zu bemerken, daß in Wirklichkeit im Kocher um etwa 2—3 vH. mehr lufttrocken gedachter Zellstoff erzeugt wird, als die zur Berechnung des spezifischen Dampfverbrauchs benutzte Ausbeutezahl beträgt. Dies liegt darin, daß die Größe der Ausbeute erst hinter der Entwässerungsmaschine durch Wägung bestimmt werden kann, so daß die wirkliche Kocherausbeute also um die Stoffverluste größer ist, die durch die Arbeitsmaschinen zwischen dem Kocher und dem Abschluß der Fabrikation bewirkt werden. Der spezifische Dampfverbrauch ist im gleichen Maßstab kleiner. Da jedoch im allgemeinen stets die hinter der Entwässerungsmaschine gewonnene Ausbeutezahl aus dem ganzen Fabrikationsgang und nicht die Ausbeute eines einzelnen Teilvorganges maßgebend ist, so soll auch der spezifische Dampfverbrauch, der ja Unterlagen für die Berechnung und Kalkulation geben soll, auf diese Zahl bezogen sein, nur muß man sich über die Herkunft des eben erwähnten kleinen Unterschiedes Rechenschaft ablegen können.

Um auch einen Anhaltspunkt über die in Frage kommenden Kohlenkosten zu erhalten, wurde der Rechnung ein mittlerer Dampfpreis von M. 2,80 pro 1000 kg Dampf zugrunde gelegt, und hiermit die Kohlenkosten für 100 kg lufttrockenem Stoff zu 0,758 M./100 kg bzw. 0,835 M./100 kg ermittelt. Da diese Werte in jedem Betrieb je nach dem örtlichen Dampfpreis andere sind, hätte es keinen Sinn, im allgemeinen die spezifischen Kohlenkosten auf die Zeit- und Temperatureinheit zu beziehen wie den spezifischen Dampfverbrauch.

Theoretischer Wärmeverbrauch und Wärmeverluste.

Zur erschöpfenden Behandlung aller der Einflüsse, die den Wärmeverbrauch der Kochung nach der einen oder anderen Seite hin verschieben, unterscheide ich:

1. den theoretischen Wärmeverbrauch, der nötig ist um Lauge und Holz von der Anfangs- auf die Endtemperatur zu bringen;

2. den gesamten Wärmeverbrauch gleich der theoretischen Wärmemenge zuzüglich der Verluste;

3. den spezifischen Wärmeverbrauch gleich Wärmeverbrauch pro 100 kg lufttrockenem Zellstoff für eine Stunde und 1 °C Temperatursteigerung im Kocher, der sich unmittelbar aus Ziffer 2 ergibt.

Der theoretische Dampfverbrauch muß mit der Beschaffenheit und dem gegenseitigen Mengenverhältnis von Holz und Lauge im Kocher veränderlich sein. Die spezifische Wärme c_H des als lufttrocken vorausgesetzten Holzes ist bei folgenden Rechnungen mit 0,65 WE/kg anzunehmen. Sollte das Holz bedeutend feuchter sein, so müßte sein Wassergehalt mit in der Rechnung berücksichtigt werden. Ebenso ist ordnungsgemäß darauf hinzuweisen, daß wir es bei Temperaturen von über 100° C im Kocher nicht mehr mit dem Grundstoff Holz, sondern mit den Zerfallstoffen Zellstoff, Ligninstoffen, Harzen usw. zu tun haben. Darüber aber, wie die Auflösung des Holzes zeitlich fortschreitet oder gar wie die spezifische Wärme der Teilstoffe sich gestaltet, liegen so gut wie keine Angaben vor; nach der bis jetzt üblichen Annahme ist die Summe der spezifischen Wärmen der verschiedenen Teile während und nach der Auflösung gleich der spezifischen Wärme des Holzes vor der Auflösung. Somit wird auch das Rechnen mit der Zahl $c_H = 0,65$ als der spezifischen Wärme über die ganze Kochung keinen wesentlichen Fehler bringen, zumal sich die erwähnte Annäherung in der Rechnung nur auf 30 vH. des ganzen zu durchlaufenden Temperaturbereiches erstreckt. Die spezifische Wärme der Lauge kann genügend genau gleich 1 gesetzt werden[1]). Sie fällt mit zunehmenden SO_2-Gehalt, doch ist die Änderung so gering, daß sie vernachlässigt werden kann. Ist nun:

---

[1]) Nach Landolt - Börnstein, Physikalisch-Chemische Tabellen, ist die spezifische Wärme der flüssigen SO_2

$$\text{bei} \quad 0° \text{ C} \ldots \ldots \ldots \ldots \ldots \quad 0,317$$
$$„ \quad 40° \quad „ \ldots \ldots \ldots \ldots \ldots \quad 0,342$$
$$„ \ 120° \quad „ \ldots \ldots \ldots \ldots \ldots \quad 0,457$$

rechnen wir mit einer 5 proz. Lösung und einer mittleren spezifischen Wärme von 0,40, so ergibt die Mischungsregel

$$\frac{G_1 c_1 + G_2 c_2}{100} = c_{\text{Mischung}} = \frac{95 \cdot 1 + 5 \cdot 0,4}{100} = 0,97$$

als spezifische Wärme der Lauge.

G_H bzw. G_L das Holz- bzw. Laugengewicht,
c_H „ c_L die spezifische Wärme des Holzes bzw. der Lauge,
t_a die Anfangstemperatur,
t_e die Endtemperatur der Kochung,

so schreibt sich der theoretische Wärmeverbrauch für die ganze Kochung zu:

$$W_{th} = (G_H \cdot c_H + G_L \cdot c_L)\,(t_e - t_a)\,.$$

Da nun $c_H < c_L$ so ergibt sich als notwendige Schlußfolgerung, daß der theoretische Wärmeverbrauch sinkt, wenn das Füllungsverhältnis des Kochers = Holzgewicht : Laugengewicht, das sich gewöhnlich in den Grenzen von 0,3—0,45 bewegt, zunimmt. Wird also der Kocher zur Erzielung einer größeren Ausbeute mit möglichst vielem Holz unter mechanischem Einstampfen mit gleichzeitigem oder darauffolgendem Dämpfen beschickt[1]), so verringert sich dadurch sein theoretischer Dampfverbrauch. Die geringere Laugenmenge, deren bei dieser Arbeitsart der Kocher bedarf, muß natürlich zur Erzielung gleicher Wirkung höher im SO_2-Gehalt genommen werden[2]). Selbstverständliche Voraussetzung ist dabei immer, daß der Kocher jeweils vollständig mit Lauge gefüllt wird, da im gegenteiligen Fall schwarzes Holz entstehen würde; der Raum, der zum Einbringen von Holz und Lauge zur Verfügung steht, ist daher immer der gleiche.

Der theoretische Wärmeverbrauch hängt ferner naturgemäß mit der Anfangs- und Endtemperatur zusammen. Erstere ist im wesentlichen gleichbleibend und ändert sich nur in geringem Grad mit der Jahreszeit; letztere ist abhängig von der Art des Zellstoffes, der erzeugt wird, und hängt auch von der Absicht ab, ob die Kochung schnell oder langsam durchgeführt werden soll, da eine raschere Kochung höhere Temperaturen verlangt. Als untere und obere Grenze der Endtemperatur dürfte 125° C und 148° C

---

[1]) Mechanisches Beschicken der Kocher entweder mit Stampfen durch Holzstampfer von Hand oder mit Druckluftstampfer (Pokorny und Wittekind, D. R. P. 261 986) oder durch Fallgewichte (Lehmann, D. R. P. 268 608).

[2]) Bei dem konstanten Ligningehalt des Fichtenholzes von 29 vH. ist für 1 kg Holz 79,2 g SO_2 und 32 g CaO nötig. Klason, „Unregelmäßiger Gang von Sulfitzellstoffkochungen und dessen Ursache". Bericht über die Hauptversammlung des Vereins der Zellstoff- und Papierchemiker, Jahrgang 1909, S. 64.

anzusehen sein. Das in vielen Fabriken angewandte Dämpfen des Holzes vor Laugeneinlaß beeinflußt den theoretischen Dampfverbrauch, der in einem solchen Fall das Dämpfen einschließt nicht, da die Anfangs- und Endtemperatur von Holz und Lauge trotzdem die gleichen bleiben. Nur die Art und zeitliche Verteilung der Wärmezufuhr ist in diesem Fall gegenüber dem Kochen ohne Dämpfung etwas geändert. Will man die zum Dämpfen benötigte Wärme herausziehen, so ergibt sich bei Annahme von 95° C als Endtemperatur des Dämpfens:

$$W_{th}' = G_H \cdot c_H \, (95 - t_a)$$

und ausgerechnet für 100 kg lufttrockenes Holz von 15° C stellt sich W_{th}' zu 5200 WE/100 kg Holz.

Nach Erörterung des theoretischen Wärmeverbrauchs soll ausführlich in die Untersuchung der verschiedenen Wärmeverluste und der sie beeinflussenden Umstände eingetreten werden, um dann daraus den Gesamtwärmeverbrauch zu beurteilen. Die Wärmeverluste unterteilen sich in die Ausstrahlverluste und in die Anheizverluste. Sie sind unabhängig von dem Mengenverhältnis der Kocherfüllung; daher sind auch in der folgenden Rechnungsreihe sämtliche Werte auf den m³ Bruttoinhalt, also den Kocher ohne Mauerwerk bezogen. Es geschieht dies, weil sich dadurch übersichtlichere und handlichere Formeln ergeben, als wenn man diese Werte auf den Nettoinhalt, der die Einführung von zwei oder drei Durchmessern nötig macht, beziehen würde. Außerdem bleibt der Bruttoinhalt, solange am Kocher selbst nichts geändert wird, unveränderlich, während sich der Nettoinhalt jederzeit durch Änderung am Mauerwerk, Einbau von Heizvorrichtungen u. dgl. verändern kann. Da aber andererseits auch der Nettoinhalt des Kochers in der Fabrikationsübersicht und Statistik eine Rolle spielt, so ist es jederzeit leicht, von den auf den Bruttoinhalt berechneten Werten auf die für den Nettoinhalt gültigen überzugehen. Die entsprechende nötige Verhältniszahl $\zeta = \dfrac{\text{Nettoinhalt}}{\text{Bruttoinhalt}}$ ist für jeden Fall nur einmal zu berechnen und stellt eine Konstante des Betriebes dar. Da zugleich in jeder Fabrik die mittlere Ausbeute, die aus 1 m³ Bruttokocherinhalt erzielt wird, bekannt ist, so bietet es keine Schwierigkeit, die Verlustwärmen ohne weiteres auf die allgemeine Einheit von 100 kg lufttrockenem Zellstoff zu beziehen. Dabei kann diese Ausbeute für 1 m³ Bruttokocherinhalt je nach dem Arbeitsverfahren mit 80—110 kg/m³ eingesetzt werden und sei dieselbe allgemein mit A kg/m³ bezeichnet.

Um nun die Wärmeverluste bei den außerordentlich verschiedenen Kochergrößen beurteilen zu können, ist es nötig, auf die Beziehungen zwischen Oberfläche und Inhalt des Kochers etwas näher einzugehen. Den hierfür zu entwickelnden Formeln ist der zylindrische stehende Kocher, der als unteren und oberen Abschluß eine Halbkugel trägt, zugrunde gelegt. Diese Form ist heute die gebräuchlichste, weiter unten wird aber auch gezeigt, wie weit die Formeln für andere Kocherformen Geltung haben. Ist nun:

d der Durchmesser des Kochers in m,

l die Höhe des ganzen Kochers ohne Fahrhut in m,

O die Oberfläche des Kochers in m²,

V das Bruttovolumen des Kochers in m³,

$l/d = a$ das Längenverhältnis des Kochers,

so ergibt sich folgende Gleichung

1. $\begin{aligned} O &= \pi \cdot d(l - d) + d^2 \pi \,, \\ &= \pi \cdot dl - \pi d^2 + d^2 \pi \,, \\ &= a\, d^2 \pi \,, \\ &= C_1 \cdot d^2 \,. \end{aligned}$

2. $\begin{aligned} V &= \frac{\pi d^2}{4}(l - d) + \tfrac{4}{3}\pi \left(\frac{d}{2}\right)^3 , \\ &= \frac{\pi}{12} d^3 (3\,a - 1) \,, \\ &= C_2\, d^3 \,. \end{aligned}$

Außer diesen beiden Größen braucht man zur Berechnung der verschiedenen Wärmeverluste die Kenntnis, wieviel m² Kocheroberfläche jeweils auf einen m³ Kochervolumen treffen und sei auch hierfür die entsprechende Beziehung ermittelt. Es ergibt sich somit:

3. $\alpha = \dfrac{O}{V} =$ spezifische Oberfläche, d. h. die Oberfläche, die auf einen m³ Bruttokocherinhalt trifft.

$$\alpha = \frac{C_1 d^2}{C_2 d^3} = \frac{C_1}{C_3} \cdot \frac{1}{d}\ \frac{\mathrm{m^2}}{\mathrm{m^3}}$$

$$\alpha = C_3 \frac{1}{\sqrt[3]{V}}\ \frac{\mathrm{m^2}}{\mathrm{m^3}}$$

Zahlentafel 3.

Tafel der Konstanten C_1, C_2, C_3.

Längenverhältnis l/d . .	1,2	1,4	1,6	1,8	2,0	2,2	2,4
Oberflächenkonstante C_1	3,768	4,397	5,026	5,654	6,282	6,910	7,538
Volumenkonstante C_2 . .	0,680	0,838	0,998	1,160	1,310	1,467	1,624
Spezifische Oberflächen- konstante C_3	4,86	4,92	5,09	5,14	5,25	5,35	5,45

Längenverhältnis l/d . .	2,6	2,8	3,0	3,2	3,4	3,6	3,8
Oberflächenkonstante C_1	8,167	8,795	9,423	10,051	10,676	11,304	11,932
Volumkonstante C_2 . .	1,782	1,939	2,096	2,253	2,407	2,564	2,720
Spezifische Oberflächen- konstante C_3	5,55	5,65	5,75	5,85	5,95	6,05	6,15

Zur sofortigen Auswertung dieser Formel habe ich in Tabelle 3 die Konstanten C_1, C_2 und C_3 für die Werte $l/d = 1,2$ bis $l/d = 3,8$ berechnet, wobei sich der kleinste Wert dieses Verhältnisses dem Kugelkocher nähert, während der Höchstwert dem schlanken stehenden Kocher, der in Amerika üblich ist, entspricht.

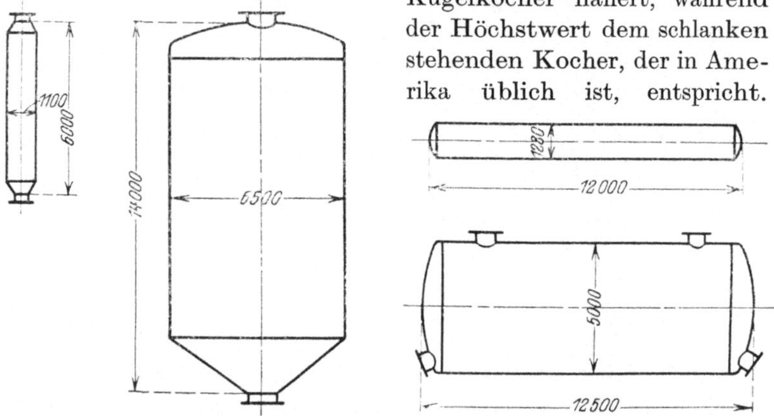

Fig. 10. Kleinste und größte stehende und liegende Kocher.

Es dürften in diese Grenzwerte des Längenverhältnisses wohl die Mehrzahl aller bestehenden Kocher hineinfallen; daß es allerdings auch Kocher gibt, die jenseits dieser Grenzwerte liegen, zeigt Fig. 10, auf der die größten und kleinsten stehenden und liegenden Kocher abgebildet sind[1]); solche Formen sind und bleiben aber Ausnahmen

---

[1]) Dr. H. Klein, „Die Entwicklung der Sulfit- und Natronzellstoffindustrie". Wochenbl. f. Papierfabrikation 1913, S. 2198.

und ihre Werte α können, wenn nötig, mit den Formeln berechnet werden.

Zur besseren Übersicht, wie die wichtigste Größe α dieser Betrachtung, nämlich die spezifische Oberfläche mit zunehmender

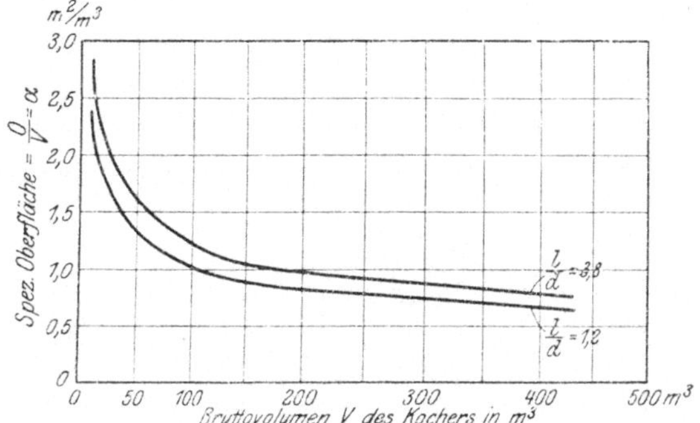

Fig. 11. Kurve der spezifischen Oberfläche α des Kochers.

Kochergröße fällt, ist dieser Wert in Fig. 11 für die beiden äußersten Fälle des Längenverhältnisses berechnet, und zu dem Bruttoinhalt als Abszisse aufgetragen. Für die Verhältnisse $l/d = 1,2$ und 3,8 sind die ausgerechneten Werte außerdem in Zahlentafel 4

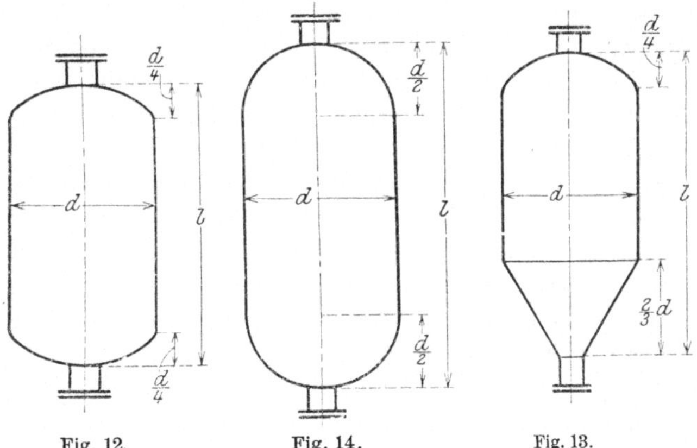

Fig. 12.   Fig. 14.   Fig. 13.

für 10 verschiedene Kochergrößen zusammengestellt, so daß Zwischenwerte aus der Tabelle und Kurve durch Interpolation jederzeit leicht gefunden werden können. Man sieht dabei, daß die spezifische Oberfläche mit der dritten Wurzel aus dem Volumen abnimmt. In gleichem Maße werden die von der Oberfläche abhängigen Ausstrahlverluste abnehmen. Die Konstanten C_1, C_2, C_3, sind außerdem bei den verschiedenen Rechnungen über Kocher und Mauerwerk mit Erfolg zur schnellen Rechnung gut benützbar.

Zahlentafel 4.

Tabelle der α-Werte für 3 verschiedene Längenverhältnisse und für verschiedene Kochervolumen.

Bruttovolumen in m³	Längenverhältnis l/d		
	1,2	2,4	3,8
10	2,25	2,52	2,85
25	1,61	1,87	1,11
50	1,32	1,48	1,65
100	1,05	1,17	1,32
150	0,91	1,02	1,15
200	0,83	0,93	1,05
250	0,77	0,87	0,98
300	0,73	0,81	0,92
350	0,69	0,78	0,88
400	0,66	0,74	0,84

Die Formeln sind streng genommen nur für Kocher gültig, deren oberer und unterer Abschluß durch eine Halbkugel gebildet wird, doch können sie mit Unterschieden von nur wenigen Hundertteilen auch für Kocher mit abweichender Gestalt, welche im äußersten Fall oben und unten mit einer flachen Kugelhaube oder oben durch Kugelhaube und unten durch schlanken Kegelstumpf abgeschlossen sind, benützt werden. Die Ausrechnung ergibt, daß z. B. der Inhalt des Kochers von der Form der Fig. 12 und 13 bei jeweils gleichem Durchmesser d und Längenverhältnis l/d nur um 2 vH. größer bzw. um 3 vH. kleiner ist, als bei der Fig. 14.

Außer von der Kochergröße sind die Ausstrahlverluste abhängig von der Kochung; sie sind direkt proportional der Dauer der Kochung. Diese ist durch die Größe und den Wirkungsgrad der Heizeinrichtungen nach unten hin begrenzt; nach oben hin läßt sich durch teilweises Einschalten der Heizeinrichtungen je nach Fabrikationsbedürfnis die Kochzeit beliebig verlängern, wobei die Dauer der Kochung durch den gewünschten Grad der Aufschließung beeinflußt wird; bei gleicher Kochtemperatur verlangt fester Stoff kürzere Kochzeit als z. B. die möglichst

weitgehend aufzuschließenden bleichbaren Stoffe, die unter sonst
gleichen Verhältnissen die längste Kochzeit beanspruchen. Die
Regelung der Wärmezufuhr geschieht dabei je nach Fortgang
der Kochung von Hand durch Ventile, die Überwachung der

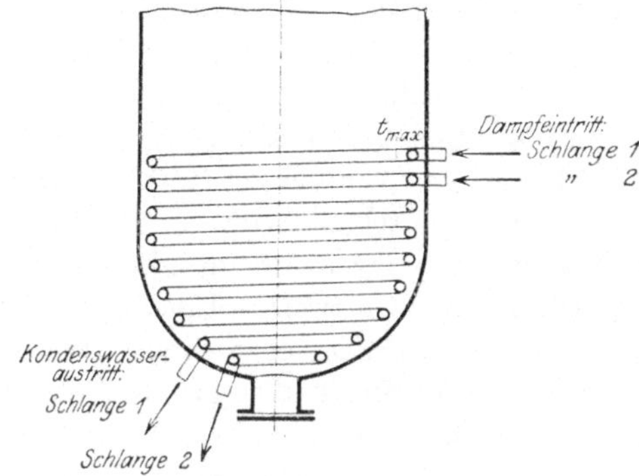

Fig. 15. Anordnung 1 (geringe Heizwirkung). — Die
2 Schlangen durchlaufen den Kocher nebeneinander.

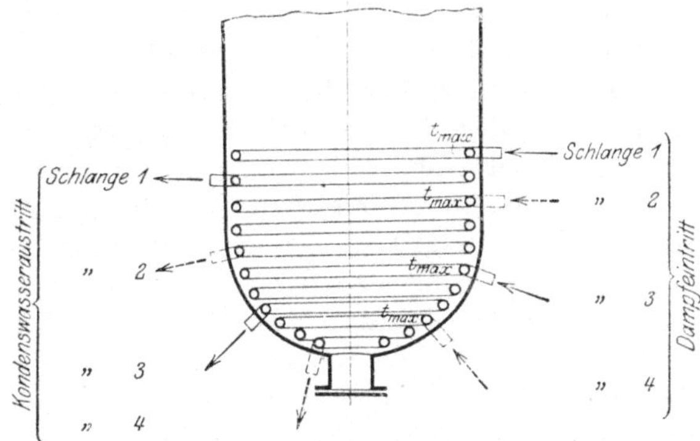

Fig. 16. Anordnung 2 (stärkere Heizwirkung; ausgedehntes
Gebiet hoher Temperaturen). Die Dampfeintritte bzw. Kondens-
wasseraustritte sind zur gleichmäßigen Wärmeverteilung über den
Umfang unter sich nochmal um je 180 ° versetzt. — Die 4 Schlangen
durchlaufen den Kocher hintereinander!

Kochung durch Thermometer und Manometer, die auch des
öfteren mit selbsttätigen Meldeapparaten für gewisse im Koch-
betrieb wichtige Druck- und Temperaturpunkte ausgestattet sind.

Bei der Untersuchung des Wirkungsgrades der Heizeinrichtung
sind zwei Aufgaben zu unterscheiden. Die erste bezieht sich darauf,

für eine der Kochergröße angepaßte und geeignete Heizflächengröße — Angaben sind auf Seite 16 gemacht — also bei einer als
fest anzusehenden Größe die Anordnung und den Bau der Schlange
so zu bewerkstelligen, daß sie die stärkste Heizwirkung ergibt.
Die zweite Aufgabe erstreckt sich darauf, eine bestehende Heizeinrichtung mit bestem Wirkungsgrad in Betrieb zu halten.

Um eine größtmögliche Leistungsfähigkeit der Schlange zu
erzielen, ist eine weitgehende Unterteilung des Heizsystems zu
empfehlen. Während bis vor kurzer Zeit, beeinflußt durch das
Bestreben den Kochermantel aus Gründen, die in der Herstellungstechnik des Mauerwerks lagen, an möglichst wenig Stellen zu
durchbrechen, bloß ein oder zwei Rohrschlangen in den Kocher
eingeführt wurden (Fig. 15) ist es zweckmäßig und auch jetzt
schon des öfteren durchgeführt, die ganze Heizschlange in viele
Teilschlangen aufzuteilen, so daß eine Reihe möglichst kurzer
und aus diesem Grund eine starke Wärmelieferung bedingender
Rohrstücke gebildet wird (Fig. 16). Man wird bei Anwendung von
Teilschlangen eine für die Kochung vorteilhafte Wärmeverteilung erhalten, bei der in mehreren Teilen des Kochers die höchstmöglichen Temperaturen herrschen, während lange Schlangen
nur in ihrem Anfang einen lebhaften Dampfniederschlag haben,
später aber hauptsächlich Wasser führen. Werden Heizeinrichtungen in Zukunft noch mehr als bis jetzt nach diesem Gesichtspunkt bestellt und geliefert, so kann ohne Vergrößerung der Heizflächen vielfach eine weit stärkere Heizwirkung erzielt werden als
bisher, was einer Verkürzung der Kochzeit gleichkommt. Daraus
ergibt sich auch zwanglos, daß die auf Seite 16 gebrachten Zahlen
für die Heizflächenbemessung durchaus nicht zugleich die Stärke
der möglichen Heizwirkung eindeutig bestimmen, es sind vielmehr
nur Angaben für die in einem gegebenen Kocher aus baulichen
Gründen mögliche Heizfläche. Es werden, da sehr viel an der
konstruktiven Durchbildung der Heizanlage liegt, 2 Kocher mit
gleichen Heizflächen, aber verschiedener Unterteilung, sehr ungleiche Heizwirkung aufweisen. Der Bruch $\dfrac{H\,\mathrm{m^2}}{V\,\mathrm{m^3}}$ = Heizfläche
für die Raumeinheit des Kochers gibt also keinen endgültigen
Maßstab für die Heizwirkung der Schlangen. Dabei werden bei
dem Streben nach Schnellkochung noch größere Heizflächen, wie
die auf Seite 16 angegebenen oft wünschenswert erscheinen, be-

sonders um die Zeit des Ankochens auf 100° C zu verkürzen. Da die Heizungen jedoch schon bei obigen Verhältnissen ein ganz bedeutendes Gewicht erhalten, wodurch ihre sichere und dauernde Lagerung im Kocher sehr erschwert wird, so sind ihrer Größe natürliche Grenzen gezogen, und eben die Schwierigkeit, die Heizflächen gemäß der immer weiter getriebenen Verkürzung der Kochzeit zu vergrößern, führt dann auf den zeitweiligen Zusatz von direktem Dampf und damit auf die kombinierte Kochung.

Schon aus diesen Verhältnissen heraus entspringt die Erkenntnis, daß die heute gebräuchlichen Heizeinrichtungen der Mitscherlich-Kocher unwirtschaftlich arbeitende Betriebsteile sind, da trotz der hohen Anschaffungskosten und der kurzen Lebensdauer ihre Ausnutzung und Benutzungsdauer sich nicht als vollwertig darstellt. Es müssen die Heizeinrichtungen mit Rücksicht auf die Ankochzeit, die für kurze Zeit größten Wärmebedarf fordert, gebaut werden, und sie erfüllen doch trotzdem hier ihre Bestimmung nicht immer in vollem Maße, da sie aus baulichen Gründen für eine erwünschte kurze Ankochzeit doch nicht reichlich genug in der Heizfläche bemessen werden können; für die Fertigkochperiode aber, die eine geringe, auf längere Zeit verteilte Wärme beansprucht, muß ihre Leistung wieder künstlich durch teilweise Schließung der Ventile herabgesetzt werden; während der sogenannten Zwischenzeiten endlich, die das Abgasen, Ablaugen, Leeren, Füllen usw. umfassen, und die sich auf 30—40 vH. der ganzen Kocherumtriebszeit stellen, sind sie nicht nur ganz außer Betrieb, sondern zudem noch beim selbsttätigen Leeren des Kochers mechanischen Einwirkungen ausgesetzt, die die Haltbarkeit der Schlangen und ihrer Lagerung schwer beeinträchtigen.

Dies alles leitet immer wieder auf den Gedanken, die ganze oder doch einen Teil der Ankochung aus dem Kocher herauszulegen und damit dessen Gesamtumtriebszeit zu kürzen und seine Leistungsfähigkeit zu erhöhen; schon Kellner gibt ein getrennt aufzustellendes Erhitzungsgefäß für die Lauge mit Schlangenheizung an[1]). Das neueste Patent Moteruds[2]) beruht auf ähn-

---

[1]) Hofmann, „Handbuch der Papierfabrikation", S. 1545.

[2]) Morterud, D. R. P. 273 860; vgl. auch Papierzeitung 1914, S. 2798; 1915, S. 169. Eine Anlage nach dieser Bauart ist jetzt in Deutschland hergestellt worden.

lichen Erwägungen. Es soll hiernach für mehrere oder alle Kocher eine Zentralheizeinrichtung geschaffen werden, die es gestattet, die Lauge außerhalb des Kochers zu erwärmen. Diese Zentralheizeinrichtung könnte natürlich kleiner sein als die Summe der bisher in den Kochern verwandten Heizeinrichtungen; sie könnte ständig ausgenutzt werden und wäre zugleich den Beschädigungen im Kocher entzogen. So einleuchtend und bestechend dieser Arbeitsgang auch sein mag, so werden sich seiner Umsetzung in den Großbetrieb noch bedeutende Schwierigkeiten in den Weg stellen. Bei den großen Abmessungen der Zellstoffkocher müßte auch der auszumauernde Laugenanwärmekessel große Ausmaße erhalten; auch müßte, da von ihm mehrere oder alle Kocher abhängig sind, für eine vollständige Reserve mit Heizeinrichtung gesorgt sein, um einen ungestörten Dauerbetrieb sicherzustellen. Die Eigenschaften der Bisulfitlauge werden weitere Schwierigkeiten mit hereinbringen. Die Einrichtung würde wegen der räumlichen Ausdehnung eine erhebliche Kapitalsanlage erfordern, der andererseits eine ganz bedeutende Steigerungsmöglichkeit der Leistung der bestehenden Kocheranlage gegenüberzustellen ist. Hierin liegen wieder so ausschlaggebende Vorteile, daß es sich schon verlohnen würde, die Schwierigkeiten, die eine solche Anlage zweifelsohne mit sich bringt, zu überwinden.

Bei Anschaffung einer neuen Heizeinrichtung hat man es in der Hand, die Verhältnisse möglichst günstig zu gestalten. Für den Wirkungsgrad einer schon vorhandenen Heizeinrichtung, deren Bauart mithin schon festliegt, werden die mehr oder minder starken wärmehemmenden Ablagerungen, die sich im Laufe der Kochung durch Ausscheidung von Monosulfit aus der Lauge bilden, ausschlaggebend sein. Seiner Beschaffenheit nach ist dieser sogenannte Rohrstein im wesentlichen ein Niederschlag des Kalkes, der sich von der Laugenherstellung her, zu etwa 1 vH. in der Lauge befindet. Nach Analyse hat der Rohrstein folgende Zusammensetzung[1]), wobei die Analyse eines normalen Kesselsteines daneben gesetzt ist[2]). Ein Vergleich zeigt einen geringen Unterschied zwischen dem Rohrstein und dem gewöhnlichen Kesselstein:

----

[1]) Wochenbl. f. Papierfabrikation 1902, S. 82.
[2]) Eberle, „Versuche über den Einfluß des Kesselsteins auf den Wärmedurchgang". Zeitschr. d. Bayer. Revisionsvereins 1909, S. 63.

<table>
<tr><td colspan="2">Rohrstein:</td><td colspan="2">Kesselstein:</td></tr>
<tr><td>Wasser . . . .</td><td>2,69 vH.</td><td></td><td></td></tr>
<tr><td>Kieselsäure . . . . .</td><td>0,24 ,,</td><td>Kieselsäure . . . .</td><td>0,7 vH.</td></tr>
<tr><td>Eisenoxyd u. Tonerde .</td><td>0,24 ,,</td><td>Eisenoxyd . . . .</td><td>0,9 ,,</td></tr>
<tr><td>Schwefelsaurer Kalk .</td><td>84,88 ,,</td><td>Tonerde . . . .</td><td>Spuren</td></tr>
<tr><td>Unterschwefelsaurer Kalk</td><td>3,58 ,,</td><td>Schwefelsaurer Kalk</td><td>80,8 vH.</td></tr>
<tr><td>Schwefligsaurer Kalk .</td><td>2,23 ,,</td><td>Kohlensaurer Kalk</td><td>15,2 ,,</td></tr>
<tr><td>Schwefelsaures Kupfer</td><td>6,34 ,,</td><td>Kohlensaure Magnesia</td><td>2,4 ,,</td></tr>
</table>

Über die Größenordnung der Wärmeübergangszahl für die Heizeinrichtungen der Zellstoffkocher sowie über deren Verminderung durch wärmehemmende Niederschläge auf den Rohren soll nun folgende Betrachtung Aufschluß geben. Ist

α_1 die Wärmeübergangszahl von kondensierenden Wasserdampf an die Rohrwand in WE m^{-2} st^{-1} $°C^{-1}$,

α_2 die Wärmeübergangszahl von der Rohrwand an ruhendes nicht siedendes Wasser in WE m^{-2} st^{-1} $°C^{-1}$,

λ die Wärmeleitfähigkeit des Rohrmaterials in WE m^{-1} st^{-1} $°C^{-1}$,

δ die Rohrstärke in m

so ist der Wärmedurchgangskoeffizient

$$\varkappa = \frac{1}{\dfrac{1}{\alpha_1} + \dfrac{1}{\alpha_2} + \dfrac{\delta}{\lambda}} \; \text{WE } m^{-2} \, st^{-1} \, °C^{-2}. \; [1])$$

Die Größe der Wärmeübergangszahl α_1 ist Schwankungen unterworfen; sie ändert sich als Funktion der Oberflächenbeschaffenheit und der Rauhigkeit des Rohres zwischen 13000 und 7500; der Luftgehalt des Dampfes spielt gleichfalls eine große Rolle; ein guter Mittelwert für α_1 ist 10 000[2]). α_2 für nicht siedendes ruhendes Wasser, welcher Zustand im Kocher angenommen werden muß, ist mit 500[3]) einzusetzen und steigt dieser Wert bei größerer Zirkulation etwas an. Die Wärmeleitzahl λ für Kupfer ist 330[4]).

---

[1]) Mollier, „Über den Wärmedurchgang und die darauf bezüglichen Versuchsergebnisse". Zeitschr. d. Vereins deutsch. Ingenieure 1897, S. 153 u. 197; siehe auch Hütte, 18. Aufl., S. 276.

[2]) Sönneken, „Der Wärmeübergang von Rohrwänden an strömendes Wasser". Dissertation München 1910. Mitteilungen über Forschungsarbeiten, Heft 108 u. 109.

[3]) Hütte, 18. Aufl., S. 275.

[4]) Hütte, 18. Aufl., S. 276.

Die Rohrstärke sei mit 6 mm eingeführt. Diese Zahlen in obige Formel eingesetzt ergeben die Wärmedurchgangszahl von 472 WE m^{-2} st^{-1} °C^{-1}.

Im Anfang der Kochung wird dieser Wert gelten; in ihrem späteren Verlauf, wenn sich der Umlauf der Lauge etwas gebessert haben mag, kann vielleicht mit einer Wärmedurchgangszahl von 500 gerechnet werden. Wird am Ende des Kochvorgangs, besonders bei Mitscherlich-Kochern, die Siedetemperatur erreicht, so ändert sich die Wärmedurchgangszahl, da die Wärmeübergangszahl für siedendes Wasser etwa 5000[1]) ist, auf 3140.

Entstehen nun auf den Rohrwandungen aus irgendwelchen Gründen wärmehemmende Niederschläge, so wird sich die Wärmedurchgangszahl natürlich von $\varkappa$ auf einen niedrigeren Wert $\varkappa'$ herabmindern. Für die Berechnung von $\varkappa'$ gilt:

$$\frac{\varkappa}{\varkappa'} = \frac{1}{1 + \dfrac{\delta'}{\lambda'}\varkappa} \,{}^{2}) \, ,$$

wobei δ' die Dicke des Belags in m und λ' seine Wärmeleitfähigkeit darstellt. Aus der Formel geht hervor, daß $\varkappa'$ im Verhältnis zu $\varkappa$ um so kleiner wird, je größer $\varkappa$ an und für sich ist, je hochwertiger also die Heizfläche ist. Nach Reutlinger[3]) können schlechtleitende Ablagerungen auf hochbeanspruchten Heizeinrichtungen 45—50 vH. ja bis zu 85 vH. Verschlechterung im Wärmedurchgang herbeiführen. Die Verschlechterung in der Wärmedurchgangszahl der reinen gegenüber der verunreinigten Heizfläche schreibt sich zu:

$$\varepsilon = \frac{100}{\varkappa}(\varkappa - \varkappa') \ \text{in vH.}$$

Bei der Wichtigkeit, die diese Tatsache bei den Heizeinrichtungen der Zellstoffkocher hat, habe ich die $\varkappa'$ und ε Werte in Tabelle 5 für vier verschiedene Rohrsteinstärken berechnet und

---

[1]) Poensgen, „Über die Wärmeübertragung von strömenden, überhitzten Wasserdampf an Rohrwandungen und von Heizgasen an Wasserdampf". Dissertation. München 1914, S. 10 u. 15; die Arbeit bietet überdies viele Literaturangaben über die einschlägigen Gebiete.

[2]) Hütte, 18. Aufl., S. 278.

[3]) E. Reutlinger, „Der Einfluß des Kesselsteins auf Wirtschaftlichkeit und Betriebssicherheit von Heizeinrichtungen". Dissertation. München 1908. Mitteilungen über Forschungsarbeiten, Heft 94.

zusammengestellt, und zwar einmal für $\varkappa = 472$ und das anderemal für $\varkappa = 500$. Die Ergebnisse zeigen bei $\varkappa'$ und ε nur wenig Unterschied. Die mittlere Wärmeleitzahl des Rohrsteines ist dabei wegen seiner ganz ähnlichen Zusammensetzung wie Kesselstein zu $\lambda' = 1,9$ angenommen[1]). In Anbetracht dessen, daß Rohrstein von 1,0 mm Stärke kein übermäßig starker Belag ist, und leicht schon im Verlauf von einer Kochung anfällt, erscheint die dadurch bedingte Verminderung von 20 vH. in der Wärmedurchgangszahl und damit im Wirkungsgrad der vorhandenen Heizfläche schon recht beträchtlich.

Zahlentafel 5.

Belagstärke δ	$\varkappa = 472$		$\varkappa = 500$	
	$\varkappa'$	ε	$\varkappa'$	ε
1 mm	380	19 vH.	400	20 vH.
1,5 „	350	25,9 „	364	27 „
2 „	322	31,8 „	330	34 „
3 „	276	41,6 „	286	42,8 „

Da also dieser bei einer Kochung anfallende Rohrstein schon ein bedeutendes Hindernis für den Wärmedurchgang darstellt, ist es unerläßlich, daß er nach jeder Kochung von den Rohren entfernt wird, was um so eher möglich ist, als derselbe schon bei leichtem Klopfen von den Rohren abfällt[2]). Wird diese Reinigung versäumt, so verdickt sich der Rohrstein durch weitere Niederschläge beträchtlich und reichert sich überdies noch mit einem erheblichen Prozentsatz von Zellstoff an, der infolge seiner wärmehemmenden Eigenschaften[3]) die Wärmedurchgangszahl noch in

---

[1]) Eberle, a. a. O. (siehe S. 34). Wegen Beimischung von Fasern und organischen Substanzen im Rohrstein wird die Wärmeleitzahl für Rohrstein eher kleiner sein als die für Kesselstein.

[2]) Morterud, D. R. P. 278 827, empfiehlt zur Entfernung von Rohrstein ohne Besteigen des Kochers ein auf dem verschiedenen Ausdehnungsvermögen von Metall und Belag beruhendes Verfahren. Er heizt nach dem Leeren des Kochers die Schlangen, trocknet also damit den Rohrstein, läßt dann kaltes Wasser durch die Schlange, wodurch der Rohrstein abspringen soll. Ob dies Verfahren in bezug auf Erhaltung und Betriebssicherheit der Schlangen zu empfehlen ist, erscheint mir sehr fraglich.

[3]) Nusselt, „Die Wärmeleitfähigkeit von Wärmeisolierstoffen" Dissertation. München 1907, veröffentlicht in der Zeitschr. d. Vereins deutsch. Ingenieure 1908, S. 906. Die Wärmeleitzahl von Baumwolle ist dort zu 0,047 WE m^{-1} st^{-1} °C^{-1} (bei 0° C) bis 0,059 WE m^{-1} st^{-1} °C^{-1}

höherem Maße herabsetzt. In einer von mir veranlaßten Untersuchung eines veralteten Rohrsteines wurden bis zu 4,02 vH. Gewichtsteilen Zellstoffasern nachgewiesen, welche bei dem geringen spezifischen Gewicht des Zellstoffes gegenüber Rohrstein stark in die Wagschale fallen. Ist schließlich der Kalkgehalt der Lauge um nur 0,2—0,3 vH. höher als normal, so können übermäßig starke Abscheidungen von $CaSO_4$ schon während einer Kochung auftreten[1]), was die Ursache für eine wesentliche Verzögerung der Kochung infolge sehr stark behinderten Wärmeübergangs sein kann[2]).

Überblickt man die Untersuchung über den Wärmeübergang bei den Heizeinrichtungen[3]), und dessen Störungen durch wärmehemmende Niederschläge, so lassen sich für die Zellstoffkocher folgende wichtigen Leitsätze aufstellen. Anzustreben sind im Durchmesser kleingehaltene Rohre von geringer Länge, da mit diesen Eigenschaften die Wärmeübergangszahl wächst, was die Kochzeit herabmindert oder bei gegebener Kochzeit kleinere Heizflächen bedingt. Rohrsteinbelag auf den Heizeinrichtungen bringt in jedem Fall eine Hemmung des Wärmeübergangs mit sich, die ganz beträchtliche Werte annehmen kann. Ein gleich starker Niederschlag setzt dabei den Wärmeaustausch zwischen

---

(bei 100° C) bestimmt, also außerordentlich gering. Über die entsprechende Zahl für Sulfitstoff liegen Versuche nicht vor, doch dürfte die Zahl für Baumwolle fast genau Geltung haben. Die Wärmeleitzahl für andere dem Sulfitstoff nahe verwandte Materialien wurde zu folgenden Werten ermittelt:

Seide	0,038 bei 0° C, bis 0,051 bei 100° C
Blätterkohle	0,050 „ 0° „ „ 0,063 „ 100° „
Sägmehl	0,055 im Mittel.

Die Wärmeleitzahl steigt mit der Temperatur etwas an. Mit zunehmender Dichte der Wärmeisolierstoffe nimmt die Wärmeleitzahl bedeutend zu (Gröber, „Wärmeleitfähigkeit von Isolier- und Baustoffen", Zeitschr. d. Vereins deutsch. Ingenieure 1910, S. 1319).

[1]) Schwalbe, „Bericht über die Hauptversammlung des Vereins der Zellstoff- und Papierchemiker" 1909, S. 26.

[2]) Einschlägige Versuche bei Brauereisudpfannen mit Doppelboden haben ergeben, daß ein Niederschlag von 0,3 mm Bierstein auf dem Pfannenboden die Kochzeit um 10 vH. und ein solcher von 2 mm dieselbe um 100 vH. gegenüber reinem Boden verzögerte (Reutlinger a. a. O., S. 36).

[3]) Vgl. auch Poensgen, „Über die Wärmeübertragung von strömenden, überhitzten Wasserdampf an Rohrwandungen und von Heizgasen an Wasserdampf". Dissertation. München 1914.

Wärmeträger und Wärmeempfänger bei Heizeinrichtungen, die in reinem Zustand eine hohe Wärmedurchgangszahl $\varkappa$ haben mehr herab, als bei Heizeinrichtungen mit niedriger Wärmedurchgangszahl $\varkappa$. Diese Verhältnisse verlangen gebieterisch eine gute Rohrreinigung und das um so mehr bei wärmetechnisch hochwertigen Heizeinrichtungen.

Auf diese Störungen in der Heizflächenausnutzung durch schlechtleitende Ablagerungen kann nicht eindringlich genug hingewiesen werden, da hier in vielen Fällen noch große Unklarheit herrscht, und die Schädlichkeit dieser Niederschläge oft genug bedeutend unterschätzt wird.

In enger Wechselbeziehung mit der Art der Wärmezufuhr steht der Umlauf der Kocherfüllung. Für eine gleichmäßig gute Kocherausbeute ist er von großer Wichtigkeit, da der ganze Inhalt des Kochers den gleichen Lösungsbedingungen sowie der Einwirkung gleichhoher Temperaturen ausgesetzt sein soll. Zugleich ist durch den Umlauf immer wieder neue, weniger verbrauchte Lauge an die Holzstückchen heranzubringen, da nach der heute herrschenden Anschauung die Lauge in die Zellwand hineindiffundiert, während die gelösten Inkrusten im entgegengesetzten Sinn herauswandern, so daß durch den Diffusionsvorgang die unmittelbar um das Holzstückchen liegende Lauge ärmer an SO_2 wird. Durch Umlauf muß daher ständig neue SO_2 reichere Lauge wieder an die Holzteilchen herangeführt werden. Schlechter Umlauf gibt im Kocher Nester von unaufgeschlossenem Stoff und macht den Wärmeübergang von den Schlangen zum Kochgut langsam und schleppend.

Verschiedene Beobachtungen lassen darauf schließen, daß der Umlauf im Kocher sehr schwerfällig ist; in Erkenntnis ihrer Wichtigkeit ist das allgemeine Streben darauf gerichtet, ihn zu verbessern. Bei dem heutigen Stand der Fabrikation erfolgt der Umtrieb der Lauge im Kocher lediglich durch den Wärmeauftrieb. Mechanische Unterhaltung des Umlaufs wurde verschiedentlich, doch ohne Erfolg versucht. Rührwerke konnten sich bei der Größe der heutigen Kocher, der Schwierigkeit des Einbaues, des Dichtens der Stopfbüchsen, ferner wegen Behinderung des Füllens und Leerens nicht behaupten. Kreiselpumpen, die außerhalb und auch innerhalb der Kocher angeordnet wurden[1]), ferner auch die in

---

[1]) Morterud, D. R. P. 209 443.

den Anfängen der Sulfitzellstoff-Fabrikation benützten Injektoranlagen, die die Lauge oben am Kocher absaugen und unten wieder hineindrücken[1]), sind heutzutage wegen ihrer zahlreichen Unzuträglichkeiten ebenfalls wieder verlassen. Auch die früher zur guten Durchmischung des Kochgutes angewandten drehbaren Kocher verbieten sich bei den heute üblichen und notwendigen Kocherausmaßen von selbst. Bei Ritter-Kellner-Kochern wird ein gewisser Umlauf durch die Strömungsenergie des in den Kocher eintretenden Dampfstrahles eingeleitet. Auf Grund dieser Tatsache gehen Vorschläge dahin, den Dampf durch Düsen mit beträchtlich gesteigerter Geschwindigkeit in das Kochgut treten zu lassen, doch werden hier die Kalkniederschläge wieder Behinderungsgründe abgeben, da Gefahr vorliegt, daß die Düsenöffnungen sich verstopfen.

Aus all diesen Gründen heraus bleibt man immer wieder einzig und allein auf den nur durch Wärme bedingten Umlauf angewiesen, und ist demselben daher erhöhte Aufmerksamkeit zuzuwenden. Reichliche Unterteilung der Heizeinrichtungen, ausreichende Wärmezufuhr am tiefsten Punkte des Kochers sind hierbei Richtlinien, die nicht übersehen werden dürfen, ebensowenig wie die Forderung, daß alle Stellen im Kocher an dem Umlauf teilnehmen müssen. Wegen der engen Wechselbeziehungen zwischen Umlauf und Wärmeübergang von den Heizeinrichtungen an das Kochgut gelten für den Umlauf alle die Darlegungen, die beim Wärmeübergang ausführlich behandelt sind. Denkbar beste Verhältnisse für einen guten Umlauf würde die zentrisch angeordnete Heizeinrichtung von Offenheimer bieten, da im inneren röhrenförmigen Teil der Heizeinrichtung eine starke immer neu erwärmte Flüssigkeitssäule hochsteigt, oben überfällt und von unten neue kältere Lauge nachströmt, ein Vorgang, der sich bei der starken Heizwirkung und der Kleinheit des inneren Durchmessers mit verhältnismäßig großer Raschheit abspielen müßte.

Je mehr nun Holz in den Kocher eingebracht wird, je fester also das Holz im Kocher zur Einstampfung gelangt, um so schwerfälliger, aber auch um so nötiger wird der Umlauf der Lauge zur gleichmäßigen Aufschließung des Kochgutes, da es dichter lagert und die Lauge mehr Widerstand beim Durchströmen findet. Den äußersten Fall bildet hier die Kochung von den stiftenför-

---

[1]) Hoyer, „Die Fabrikation des Papiers", S. 215.

migen oder sägemehlartigen Abfallstoffen der Holzputzerei, die
in Verbindung mit Lauge als schwerer dickflüssiger Brei im Kocher
liegen und den Umlauf sehr erschweren, so daß die Temperatursteigerung bei derartigen Kochungen nur äußerst schleppend und
oftmals mit großer Verzögerung vor sich geht.

Die Richtung des Umlaufs verläuft, bedingt durch die örtlich
verschiedene Art der Wärmezu-
fuhr, im Mitscherlich - Kocher
gerade entgegengesetzt wie im
Ritter - Kellner - Kocher. Beim
Mitscherlich - Kocher erwärmen
sich zuerst die am Umfang gelegenen Teile des Kochgutes, so
daß also der Umlauf von außen
nach innen verläuft, beim Ritter-
Kellner - Kocher, wo der Dampf-
eintritt zentral durch den unteren
Fahrhut von statten geht, wird
der Umlauf des Kochgutes von
innen nach außen erfolgen(Fig.17).
Ähnlich, nur in beschleunigterer
Weise, würde sich der Umlauf bei
Anwendung der Offenheimerschen
Heizeinrichtung gestalten.

Es ist klar, daß bei dem in
sich geschlossenen Kochvorgang,
der nicht unterbrochen werden
kann und bei den großen in den

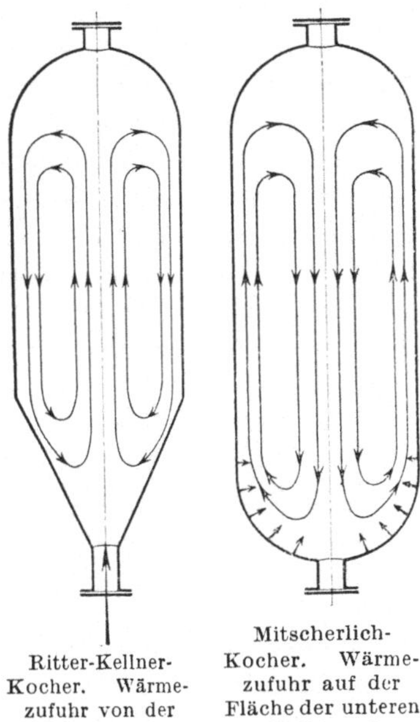

Fig. 17. Der Umlauf im Kocher.

Fabriken üblichen Kochern die Beobachtung und Berechnung
der Umlaufserscheinungen unmöglich ist. Diese Vorgänge sind
mit Aussicht auf Erfolg nur in gut ausgerüsteten Laboratorien
mit verschiedenen Versuchskochern zu studieren[1]). Erhöhter

---

[1]) Im Jahre 1914 wurde an der Hauptstation forstlichen Versuchs-
wesens in Eberswalde unter Prof. Schwalbe eine eigene Versuchsstation
für Holz- und Zellstoffchemie gegründet. Diese Station ist mit drei Größen
von Versuchszellstoffkochern (1—2 1, 30—40 1, 500—600,1) und den nötigen
Aufschließungsapparaten ausgerüstet; da derartige Versuchsapparate jederzeit zum Zwecke des Studiums auch während der Kochung geöffnet werden
können, so dürften dadurch wichtige Aufschlüsse über die einzelnen Teil-
vorgänge bei der Kochung (Umlauf usw.) erzielt werden (Papierzeitung
1915, S. 86).

Umlauf ist mit allen Mitteln anzustreben und von großem Vorteil, da ein gesteigerter Umlauf im Kocher auf die Ausnützung der Zeit und daher auf die Leistungsfähigkeit der Anlage großen Einfluß ausübt und dadurch mittelbar bedeutende Wärmemittel erspart.

Ich habe in den letzten Abschnitten gezeigt, wie im allgemeinen die Dauer der Kochung, die ja von wesentlichen Einfluß auf die Größe der Ausstrahlverluste ist, bestimmend durch die Art und die Wirkung der Heizeinrichtungen beeinflußt werden kann, ferner, daß sie mit dem Umlauf im Kocher eng zusammenhängt. Außer zu der Zeit stehen die Ausstrahlverluste noch im Verhältnis zu dem Temperaturunterschied zwischen Kocherblech und Außenluft. Die Blechtemperatur ist also möglichst niedrig, die Lufttemperatur hoch zu halten, was dadurch erleichtert wird, daß das Kocherhaus von den Kochern geheizt wird. Durch seine sorgfältige Abschließung von den übrigen Räumen kann die Temperatur im Kocherhaus gut auf etwa 25° C gehalten werden, wobei noch darauf gesehen werden muß, daß die Luft dort möglichst ohne Bewegung ist, da diese den Wärmeübergang von Blech an Luft begünstigt.

Es ist bei Besprechung der Außentemperatur der Kocher hier am Platz, auf die wichtige und immer wieder erörterte Frage des Schutzes des Kochermantels gegen Wärmeverluste näher einzugehen. Die Umkleidung der großen Kocher mit Wärmeschutzmasse oder auch mit Zellstoff selbst ist wohl möglich, und auch schon ausgeführt[1]); mit Rücksicht auf die Betriebssicherheit und auf die gute Erhaltung des Kochers ist jedoch eine Verkleidung des äußeren Kochermantels entschieden zu verwerfen. Erstes Erfordernis nämlich ist es, daß der Kocher an allen Stellen gut sichtbar und zugänglich ist. Es kann auch bei bester Ausführung und Instandhaltung der Innenauskleidung nie ganz vermieden werden, daß sich an den Laschen, an den Nietköpfen und an den Durchbrechungen des Kochermantels hier und da Lauge durchdrückt, die sich von außen als bräunlichgelbe Ausschwitzung kenntlich macht, werden solche Stellen alsbald nachgestemmt, so sind die Undichtheiten von keinem besonderen Belang. Da nach dem Verstemmen der Lauge der Durchgang durch die undichte Stelle hindurch verwehrt ist, versintert die kleine Undichtheit,

---

[1]) Zeitschr. d. Bayer. Revisionsvereins 1903, S. 22.

ohne weitere Schwierigkeit zu machen. Würde man jedoch warten müssen, bis sich die Undichtheit durch eine überdies noch Feuchtigkeit aufsaugende Wärmeschutzmasse hindurch kenntlich macht, so könnte sie unter Umständen einen derartigen Umfang annehmen daß eine schnelle Abhilfe nicht mehr gestattet wäre und sehr schwer wiegende Folgeerscheinungen gezeitigt würden.

Daneben ist auch zu bedenken, daß der Blechmantel durch die starke nicht gut leitende Ausmauerung[1]) schon einen vorzüglichen inneren Wärmeschutz besitzt, so daß die Außentemperatur des Bleches nach meinen Messungen 63° C bei 145° C Innentemperatur nicht überschreitet. Wird zudem die Raumtemperatur im Kocherhaus auf ca. 25° C gehalten und werden Luftbewegungen möglichst vermieden, so sind die Verhältnisse für geringe Wärmeausstrahlung so wie so günstig, und kann man daher um so eher die durch einen äußeren Wärmeschutz tatsächlich noch zu erreichende Wärmeersparnis gegenüber der gerade in diesem Fall überaus wichtigen Rücksicht auf Betriebssicherheit und Erhaltung des Kochers aufgeben. Es dürfte sich auch heute kaum ein größerer Kocher finden, der verkleidet ist.

Was die absolute Größe der Ausstrahlverluste anbelangt, so ergeben meine Versuche dafür die Zahl 281 bzw. 345 WE pro m² und Stunde bei einer mittleren Temperaturdifferenz zwischen Wand und Luft von 24 bzw. 32° C oder aber 11,8 bzw. 10,8 WE pro m² und Stunde und 1° C Temperaturdifferenz. Der Mittelwert hieraus steht auch mit 11,3 WE/m² St. 1° C zu den übrigen aus der Heizungstechnik bekannten Zahlen in guter Übereinstimmung[2]). Bezeichnen wir nun, um auf allgemeine Werte zu kommen, mit

W_s' den Ausstrahlverlust bei 1° C Temperaturunterschied, der auf 1 m³ Kocherinhalt treffenden Oberfläche, pro Kochung,

---

[1]) Die für das etwa aus gleichen Teilen Zement und Schamottemateria. bestehende Mauerwerk in Frage kommenden Wärmeleitzahlen sind:

λ (Zement)   = 0,059 WE m⁻¹ st⁻¹ °C⁻¹ (Landolt-Börnstein, Physikalisch-Chemische Tabellen);

λ (Schamotte) = 0,510 WE m⁻¹ st⁻¹ °C⁻¹ (Poensgen, „Technisches Verfahren zur Ermittlung der Leitfähigkeit plattenförmiger Körper", Mitteilungen über Forschungsarbeiten. Heft 130.

[2]) Hausbrand, „Verdampfen, Kondensieren und Kühlen". 4. Aufl. S. 202 ff., Verlag Julius Springer, Berlin.

W_s den gesamten Ausstrahlverlust über die ganze Kochung bezogen auf 100 kg lufttrockenen Zellstoff,

μ die Ausstrahlung pro m², Stunde und 1° C Temperaturunterschied in WE,

z die Dauer der Kochung in Stunden,

ϑ die äußere mittlere Blechtemperatur in ° C,

t_l die mittlere Lufttemperatur in ° C,

A die Ausbeute in lufttrockenem Zellstoff pro 1 m³ Bruttokochervolumen,

α die spezifische Oberfläche des Kochers $= \dfrac{O\ \mathrm{m_2}}{V\ \mathrm{m_3}}$,

so ist

$$W_s' = \alpha \cdot \mu \cdot z\,,$$

$$W_s = \frac{100}{A} \cdot \alpha \cdot \mu \cdot z(\vartheta - t_l)\ \mathrm{WE}/100\ \mathrm{kg\ Zellstoff.}$$

Der Gesamtausstrahlverlust sinkt also gemäß den früheren Untersuchungen über die α-Werte (Fig. 11) mit steigender Kochergröße und zwar am raschesten im Gebiet der kleinen Kocher.

Diese Verkleinerung des Ausstrahlverlustes, die in der α-Kurve begründet ist, kommt nicht zur vollen Geltung, da mit wachsender Kochergröße auch die Kochdauer z steigt, und dadurch der Gesamtausstrahlverlust durch diese Beeinflussung wieder erhöht wird. Welcher von beiden Einflüssen überwiegt ist in den folgenden Zahlenbeispielen untersucht. Bei gleichartigen Kochverfahren wird die Kochzeit bei Übergang von kleinen zu großen Kochern bedeutend zunehmen. Die Gesamtkochzeit z zerfällt dabei in die Ankochzeit und die Fertigkochzeit; in letzterer ist wenig Unterschied, da die Inkrusten zur Lösung der Einwirkung der Lauge eine gewisse Zeit ausgesetzt sein müssen, gleichgültig, ob der Kocher groß oder klein ist; die Unterschiede sind hier jedenfalls nur gering. Anders ist es bei der Ankochzeit, die sich bei kleinen Kochern oft in der halben Zeit betätigen läßt wie bei großen, weil hier die zu erwärmenden gewaltigen Flüssigkeitsmengen, sollten sie in der gleichen Zeit auf die Arbeitstemperatur gebracht werden, Heizeinrichtungen und Kessel verlangen würden, die unmöglich oder unwirtschaftlich wären. Hat z. B. ein Ritter - KellnerKocher von 60 m³ normal etwa 3 Stunden Ankochzeit, so kann man unter sonst gleichen Verhältnissen für einen solchen von 250 m³ etwa 9 Stunden Ankochzeit rechnen, während die Fertigkochzeit beidesmal etwa 10 Stunden beträgt. Die Gesamtkochzeit stellt sich also zu 13 Stunden bei kleinen gegen 19 Stunden bei großen Kochern, erfährt demnach eine Steigerung von 14,6 vH.; die Minderung von α dagegen beträgt bei der gleichen Kochergröße 35 vH. Das für W_s maßgebende Produkt $\alpha \cdot z$ stellt sich für die beiden Kochergrößen bei $l/d = 2,4$ zu 18,9 bzw. 16,5, so daß der Unterschied im Gesamtausstrahlverlust W_s zugunsten des großen Kochers nurmehr etwa 10 vH. beträgt. Diese Zahl wird allerdings dadurch noch etwas verbessert, daß bei großen Kochern die Wandtemperatur ϑ niedriger liegt als bei kleinen, da durch die verhältnismäßig stärkere Ausmauerung sich der innere Wärmeschutz bedeutend wirksamer gestaltet. Die Größe $(\vartheta - t_i)$ wird also bei großen Kochern kleiner und W_s daher nochmals etwas herabgemindert.

Eine zweite Gruppe von Wärmeverlusten ist durch die Wärme bedingt, die dazu nötig ist, um den Blechmantel und das Mauerwerk auf die Arbeitstemperaturen zu bringen. Bei der Größe der neuzeitlichen Kocher und den gewaltigen Blech- und Mauerwerksgewichten nehmen auch die Anheizverluste ansehnliche Beträge an. Zu ihrer Ermittlung mögen folgende, den eben gemachten Betrachtungen über Ausstrahlverluste ähnliche Erwägungen dienen. Bezeichnen wir mit

W_a' die Wärme, welche nötig ist, um das 1 m³ Kochervolumen entsprechende Wandungsvolumen um 1° C in der Temperatur zu erhöhen,

W_a die Gesamtanheizwärme über die ganze Kochung bezogen auf 100 kg lufttrockenen Zellstoff,

δ die Wandstärke in m,

c die spezifische Wärme,

s das spezifische Gewicht,

ϑ' die mittlere Wandtemperatur am Anfang in ° C,

ϑ'' die mittlere Wandtemperatur am Ende der Kochung, in ° C

wobei sich sämtliche 7 Werte einmal auf die Blechwand, das andere Mal auf die Ausmauerung des Kochers beziehen, wobei die im Text zugesetzten Indizes auf den Bezugsstoff hinweisen, so ist

$$W_{a\,\text{Eisen}}' = \alpha \cdot \delta_{\text{Eisen}} \cdot c_{\text{Eisen}} \cdot s_{\text{Eisen}} \,,$$

$$W_{a\,\text{Eisen}} = \frac{100}{A} \cdot \alpha \cdot \delta_{\text{Eisen}} \cdot c_{\text{Eisen}} \cdot s_{\text{Eisen}} (\vartheta_{\text{Eisen}}'' - \vartheta_{\text{Eisen}}') \; \text{WE}/100\,\text{kg}$$
$$\text{Zellstoff}$$

Gesamtanheizwärme für 100 kg lufttrockenen Zellstoff über die ganze Kochung. Der Anheizverlust durch das Blech nimmt also mit steigender Kochergröße gemäß der Kurve für die α-Werte wieder ab, welche Abnahme jedoch durch die mit größerem Kocherinhalt bedeutend steigende Blechstärke δ herabgemindert wird. Die mittleren Temperaturen ϑ' und ϑ'' sind dabei graphisch aus den der Messung zugänglichen Innen- und Außentemperaturen unter Zugrundelegung eines geradlinigen Temperaturverlaufes nach Fig. 18 angenähert zu ermitteln.

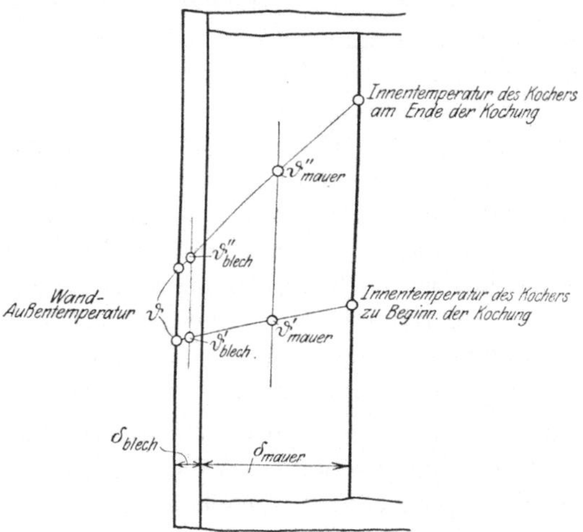

Fig. 18. Schaubild der mittleren Wandtemperaturen.

Der gleiche Rechnungsgang gilt für die Ermittlung des Anheizverlustes durch das Mauerwerk. Es ist dementsprechend

$$W_{a\,\text{Mauer}}' = \alpha \cdot \delta_{\text{Mauer}} \cdot c_{\text{Mauer}} \cdot s_{\text{Mauer}} \, ,$$

$$W_{a\,\text{Mauer}} = \frac{100}{A} \cdot \alpha \cdot \delta_{\text{Mauer}} \cdot c_{\text{Mauer}} \cdot s_{\text{Mauer}} (\vartheta_{\text{Mauer}}'' - \vartheta_{\text{Mauer}}') \; \text{WE}/100\,\text{kg Zellstoff.}$$

Auch hier wird der Anheizverlust durch die α-Werte bei steigender Kochergröße herabgesetzt, durch die mit der Kochergröße zunehmenden Mauerwerksstärken jedoch wieder hinaufgezogen.

Um einige Anhaltspunkte für Zahlenwerte zu gewinnen und um zu überblicken, wie sich die Werte der Ausstrahl- und Anheizverluste mit der Kochergröße ändern, sind in untenstehender Zahlentafel die Verlustwärmen nach obigen Formeln ausgerechnet und zusammengestellt. Ausdrücklich sei nochmals darauf hingewiesen, daß bei den sehr verschiedenen Verhältnissen, die besonders in bezug auf die Kochdauer in den Betrieben herrschen, für die Ausrechnung mittlere Verhältnisse zugrunde gelegt sind; immerhin geben die so gewonnenen Zahlenwerte anschaulichere und klarere Bilder über die verschiedenen Verlustgrößen und ihr Verhalten als die Buchstabenformeln. Ungewöhnliche vom Mittelmaß stark abweichende Betriebsverhältnisse werden natürlich die absoluten Zahlen stark verändern, der gesetzmäßige Verlauf der Zahlenreihe bleibt aber auch hier gewahrt.

Zur Berechnung seien folgende Werte zugrunde gelegt:

A kg/m³ = Ausbeute an kg lufttr. Zellstoff für 1 m³ Kocherinhalt,

= 80 kg/m³ bei Ritter-Kellner- und

= 90 kg/m³ bei Mitscherlich-Kochverfahren

$\alpha \dfrac{\text{m}^2}{\text{m}^3}$ = spezifische Oberfläche des Kochers siehe Tafel 4,

ϑ_{max} = äußere höchste Blechtemperatur = 60° C[1])

ϑ_{min} =   „   niedrigste   „   = 30° C[2])

ϑ =   „   mittlere   „ $= \dfrac{60+30}{2} = 45°$ C

t_l = mittl. Lufttemperatur im Kocherhaus = 20° C

l/d = Längenverhältnis des Kochers = 2,4,

μ = Ausstrahlverlust pro m² Kocheroberfläche, Stunde u. 1° C,

= 11,3 WE m^{-2} st^{-1} °C^{-1}

z = Kochzeit in Stunden für Ritter-Kellner-Kocher

bei 50 m³ Inhalt 13 Stunden

„ 250 „   „   19   „

für Mitscherlich-Kocher

bei 50 m³ Inhalt 19 Stunden

„ 250 „   „   26   „

} zwischen diesen Werten geradliniger Verlauf der z-Kurve

---

[1]) Gemessen vom Verfasser bei 137° C Innentemperatur der Kocherfüllung, 150 mm Mauerwerks- und 25 mm Blechstärke des Kochers von 225 m³ Inhalt.

[2]) Desgl. beim leeren Kocher mit den gleichen Ausmaßen und 75° C Innenwandtemperatur. — Die Wandtemperaturen im Innern des leeren Kochers, mit denen die neue Kochung begonnen wird, liegen natürlich je nach der Entleerart (selbsttätige Leerung, Waschen der Kocherfüllung, Ausspritzen des Kochers, künstliche Kühlung des Kochers wegen des Aufenthalts von Leuten beim Füllen im Kocher) sehr verschieden.

$\vartheta''_{\text{Blech}}$ = mittl. Blechtemperatur am Ende der Kochung[1]) = 64° C,
$\vartheta'_{\text{Blech}}$ = mittl. Blechtemperatur am Anfang der Kochung[1]) = 34 °C,
  c = spez. Wärme des Bleches = 1,14 WE/kg,
  s = ,,   Gewicht ,,   ,,   = 7,81 kg/dm³
  δ = Blechstärke in m²):

$\vartheta''_{\text{Mauer}}$ = mittl. Mauerwerkstemperatur am Ende der Kochung[1])
     = 100° C,
$\vartheta'_{\text{Mauer}}$ = mittl. Mauerwerkstemperatur am Anfang der Kochung[1])
     = 56° C,
  c = spez. Wärme des Mauerwerks = 0,2 WE/kg
  s = ,,   Gewicht des Mauerwerks = 2,13 kg/dm³
δ_{Mauer} = Mauerwerksstärke in m
     95 mm bei Kochern von 100 m³ } dazwischen gerad-
     150 mm ,,   ,,   ,,   250 m³ }   liniger Verlauf

Setzt man diese Werte in die Formeln für den Ausstrahlverlust W_s, für den Anheizverlust durch das Blech $W_{a\,\text{Blech}}$ und durch das Mauerwerk $W_{a\,\text{Mauer}}$ ein und bezieht diese Größen alle auf 100 kg lufttrockenem Zellstoff, so ergeben sich die in der Zahlentafel 5a niedergelegten Verlustwärmemengen für verschiedene Kochergrößen.

Überblicken wir die Werte der 3 Verlustgrößen, so zeigt sich, daß der Ausstrahlverlust bei den Mitscherlich-Kochern wegen der längeren Kochdauer bedeutend größer ist wie bei Ritter-Kellner-Kochern. Die beiden Anheizverluste sind dagegen bei den Mitscherlich-Kochern wegen der besseren Ausbeute dieser Kocher von etwa 10 vH. gegenüber den Ritter-Keller-Kochern

---

[1]) Bei der mittleren Wandtemperatur (zu ermitteln nach Fig. 18 aus den zu messenden Innen- und Außentemperaturen des Kocherbleches bzw. Kochermauerwerks) ist zur Vereinfachung der Rechnung kein Unterschied zwischen Ritter-Kellner und Mitscherlich-Kochern gemacht; in Wirklichkeit werden die Wandtemperaturen bei ersteren etwas höher liegen wie bei letzteren, da mit höheren Temperaturen überhaupt gekocht wird. Da aber immer nur die Temperaturunterschiede ($\vartheta'' - \vartheta'$) in die Rechnung einzusetzen sind, ist der Fehler so klein, daß er vernachlässigt werden kann.

[2]) Nach Angaben der Firma Ewald Berninghaus, Duisburg:

Kochergröße in m³ . .	50	100	150	200	250	300	350
Blechstärke δ in m/m	20	22	24	25	28	30	34

bei 6 Atm. Betriebsdruck.

kleiner. Die Erhöhung der Ausstrahlverluste und die Erniedrigung der Anheizverluste der Mitscherlich- gegenüber den Ritter-Kellner-Kochern gleicht sich ungefähr aus, so daß der Gesamtverlust pro 100 kg lufttrockenem Zellstoff besonders bei Kochern über 100 m³ Inhalt bei Mitscherlich- und Ritter-Kellner-Kochern der nämlichen Größe fast vollkommen gleich ist. Bei kleinen Kochern haben die Ritter-Kellner-Kocher etwas kleinere Verluste wie die Mitscherlich-Kocher.

Die Zahlenreihen zeigen ferner, daß sämtliche Verluste im Gebiete der kleinen Kocher bei steigender Kochergröße stark abnehmen, daß sie ihr Mindestmaß bei Kochern von etwa 200 m³ Inhalt erreichen, und daß sie dann langsam wieder steigen. Die Zahlenreihe der Gesamt-

Zahlentafel 5a.

Kochergröße in m³		10	25	50	100	150	200	250	300	350
W_s in WE/100 kg lufttr. Zellstoff	Ritter-Kellner	9 850	7 600	6 800	5 800	5 760	5 800	5 900	6 050	6 200
	Mitscherlich	13 400	10 500	8 800	7 750	7 200	7 000	7 100	7 120	7 150
$W_{a\,Blech}$ in WE/100 kg lufttr. Zellstoff	Ritter-Kellner	12 600	11 200	8 850	8 600	8 150	7 700	8 100	8 120	8 620
	Mitscherlich	11 220	10 100	7 880	7 650	7 250	6 850	7 220	7 240	7 620
$W_{a\,Mauer}$ in WE/100 kg lufttr. Zellstoff	Ritter-Kellner	3 860	3 070	2 600	2 620	2 750	2 840	3 050	3 140	3 310
	Mitscherlich	3 420	2 730	2 300	2 330	2 440	2 520	2 700	2 790	2 940
$W_{a\,Blech} + W_{a\,Mauer}$ in WE/100 kg Zellstoff	Ritter-Kellner	16 460	14 270	11 450	11 220	10 900	10 540	11 150	11 260	11 930
	Mitscherlich	14 640	12 830	10 180	9 980	9 690	9 370	9 920	10 030	10 560
Gesamtverlust $W_s + W_{a\,Blech} + W_{a\,Mauer}$ in WE/100 kg lufttr. Zellst.	Ritter-Kellner	26 310	21 870	18 250	17 020	16 660	16 340	17 050	17 310	18 130
	Mitscherlich	28 040	23 330	18 980	17 730	16 890	16 370	17 020	17 050	17 710

verluste lehrt also, daß Kocher von 200—250 m³ Inhalt die geringsten Verluste aufweisen. Die Steigerung der Verluste beim Übergang zu noch größeren Kochern ist jedoch sehr gering.

Allen diesen Darlegungen über die Wärmeverluste liegt die in Deutschland meist gebräuchliche Arbeitsart zugrunde, daß der Kocher von Hand oder selbsttätig unter Nachhilfe von Wasserstrahlen geleert wird. Es ist schon erörtert aus welchen Gründen hierzu kaltes Wasser verwandt werden muß. Dieses Auswaschen des Stoffes mit kaltem Wasser bedeutet aber große Wärmeverluste, da der Innenraum des Kochers und vor allem das Mauerwerk künstlich abgekühlt wird und ihm bedeutende Wärmemengen entzogen werden, die anderenfalls die Kocherwandungen für die nächste Kochung auf einem Beharrungszustand höherer Temperatur gehalten hätten. Bei der Größe der Kocher sind diese Wärmemengen sehr beträchtlich. Sie werden nun bei einer zweiten, in Deutschland allerdings ziemlich seltenen Leerungsart, dem sogenannten Ausblaseverfahren, bei Ritter-Kellner-Kochern ganz von selbst

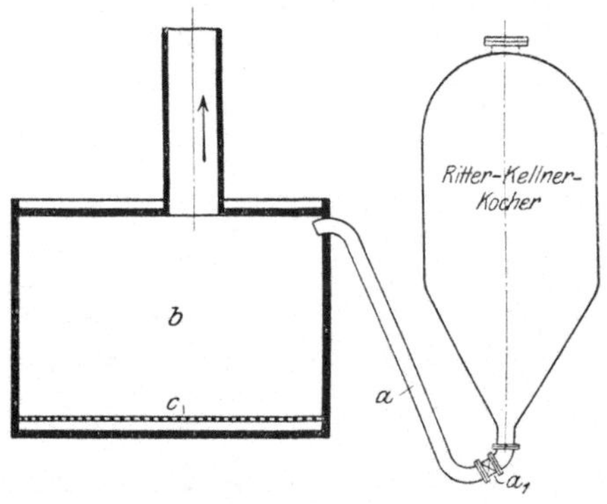

Fig. 19. Kocherleerung nach dem Ausblaseverfahren (schematisch dargestellt). a) Ausblaserohr mit Ausblasschieber a_1; b) Entleerbehälter mit Gasabzugskamin; c) Siebboden zum Abführen der Ablauge.

eingespart. Das Ausblaseverfahren besteht darin, daß der Kocher noch unter ein bis zwei Atmosphären Druck am unteren Ende geöffnet wird, so daß durch den Druck der ganze Kocherinhalt in einen geschlossenen Behälter mit Abzugschlot geblasen wird. Eine derartige Einrichtung zeigt schematisch Fig. 19. Diesem Verfahren wirft man vor, daß es den Stoff durch das Herausschleudern ungünstig beeinflußt und daß es nicht ungefährlich sei. Trotz alledem wird es in Amerika, wo hauptsächlich auf die erzeugte Menge und weniger auf die Güte des Stoffes gesehen wird, wegen seiner Zeitersparnis sehr häufig angewandt. Bei dieser Entleerungsart bleibt, da die Kochung nicht abgelaugt wird, sondern sich die Ablauge erst im Absitzbehälter vom Stoffe trennt, da ferner der Stoff im Kocher nicht gewaschen wird, da beim Leeren kein Spritzwasser verwandt wird und Leute beim Füllen nicht in den Kocher kommen, die Endtemperatur im Kocher und im Mauerwerk fast vollständig erhalten, so daß im Gegensatz zu den übrigen Entleerungsweisen die sonst für die Erwärmung des Mauerwerkes und des Bleches nötigen Wärmemengen fast ganz gespart werden. Die Ausstrahlverluste dagegen stellen sich hier etwas höher, da die mittlere Außentemperatur des Kochers sich aus dem gleichen Grunde nach oben verschiebt. Zahlenmäßige Vergleichsangaben zu erhalten war mir nicht möglich; grundsätzlich wollte ich auf diese Abart in der Kochung doch hinweisen, da ihre Ergebnisse im Rahmen dieser Arbeit liegen.

Um noch mit einigen Worten auf die in manchen Fabrikslaboratorien bestehenden Versuchskocher hinzuweisen, so zeigt das sehr starke Ansteigen der α-Kurve in Fig. 11, daß die Ausstrahl- und Anheizverluste bei so kleinen Kochern verhältnismäßig ganz außerordentlich hoch werden, so daß es äußerst schwierig ist, mit Erfolg von den Ergebnissen am Versuchskocher auf den Großbetrieb zu schließen. Alle die mit Versuchskochern gewonnenen wärmetechnischen Zahlen sind daher mit großer Vorsicht aufzunehmen und eingehend zu prüfen. Hiermit soll jedoch durchaus nicht den Versuchskochern die Berechtigung abgesprochen werden, dieselben gewähren im Gegenteil gute Einblicke in die verschiedenen Abschnitte der Fabrikation, die anders als mit Versuchskochern überhaupt nicht zu erhalten sind[1]).

Aus den jetzt behandelten Verlustquellen ergibt sich der Gesamtwärmeverlust pro 100 kg lufttrockenem Zellstoff zu

$$W_v = W_s + W_{a\,\text{Blech}} + W_{a\,\text{Mauer}}$$

und der Wirkungsgrad der ganzen Kochung zu

$$\eta = \frac{W_{th}}{W_{th} + W_v}.$$

Für meinen Versuch I (Zahlentafel 2) rechnet er sich unter Benutzung der Formel für W_{th} auf Seite 25 folgendermaßen:

---

[1]) Siehe auch die Anmerkung auf S. 41 über das neue Zellstofflaboratorium.

$$W_{th} = (G_H \cdot c_H + G_L \cdot c_L)\,(t_e - t_a)\;\text{WE}; \quad 1\;\text{rm}\;\;\text{Holz}\;\;\text{zu}$$
450 kg angenommen
$$= (115 \cdot 450 \cdot 0{,}65 + 160 \cdot 970)\,(130{-}27)\;\text{WE}$$
$$= 19\,459\,314\;\text{WE},$$
$$W_{th} + W_v = \text{Gesamtwärme} = 23\,212\,956\;\text{WE},$$
$$\eta_I = \frac{19\,459\,314}{23\,212\,956} = 0{,}835$$

setzt man für Versuch II ebenfalls die entsprechenden Zahlenwerte in obige Formel ein, so ergibt sich für Versuch II

$$\eta_{II} = 0{,}815$$

also aus beiden Versuchen ein mittlerer Wirkungsgrad der Kochung zu $\eta = 0{,}825$.

Was zum Schluß den spezifischen Wärmeverbrauch anbelangt, so stellt er sich laut der auf Seite 24 gegebenen Erklärung zu

$$W_{sp} = \frac{W_{th} + W_v}{\dfrac{A}{100} \cdot z(t_e - t_a)}\;\text{WE}/100\;\text{kg},\;1\,\text{St},\;1^\circ\,\text{C}.$$

W_{sp} gibt uns dann unmittelbar die für die Kochung von 100 kg lufttrockenem Zellstoff für eine Stunde Kochzeit und 1° C Temperaturerhöhung nötige Wärmemenge an. Der spezifische Wärmeverbrauch ist der einwandsfreie Vergleichswert für verschiedene Kochungsarten und Kochergrößen auf wärmetechnischer Grundlage. Bei meinen Versuchen (Zahlentafel 2) stellt er sich zu 53,2 WE bzw. 51,2 WE im Mittel also zu 52,2 WE.

Die Abwärme der Kocher und ihre Wiederverwendung.

Es bleibt noch zu untersuchen, in welcher Weise die an das Kochgut übertragene Wärme weitergeleitet wird, ob eine abermalige Verwendung der Wärme stattfindet, ob sie möglich ist und unter welchen Bedingungen.

Der Kocherinhalt teilt sich nun auf Grund der Führung des Kochprozesses:

1. in die Abgase;
2. in die Ablauge;
3. in den eigentlichen Stoff.

An diese drei Bestandteile ist die in den Kocher gebrachte Wärme in verschiedener Menge gebunden. Die Wiedergewinnung der in den Abgasen, in der Ablauge und im Stoff steckenden Abwärme ist aber mit so vielen Schwierigkeiten und Umständen verknüpft, daß bisher fast überall davon Abstand genommen wurde. So ist vor allem die Wiederverwendung durch den absatzweisen Anfall der Abwärme beim Kochereibetrieb sehr erschwert; der weitaus größte Teil der Abwärme hängt ferner an der flüssigen Ablauge, ein weiterer Teil am breiigen Stoff und nur ein geringer Teil an den Abgasen, bei denen sich die Wiederverwendung leichter durchführen ließe. Die mittleren in Betracht kommenden Wärmeübergangszahlen werden daher klein und sehr große Kühlflächen müßten angelegt werden. Alle Abwärmeträger, voraus die Abgase und Ablauge sind zudem stark SO_2 haltig; zur Wiedergewinnung könnten infolgedessen nur Blei- oder Kupferrohre in Betracht kommen, was bei der nötigen Größe der Kühlfläche gleichbedeutend mit sehr hohen Anlage- und nicht minder hohen Instandhaltungskosten verbunden ist. Eine nützliche Verwendung für diese Abwärme ist im allgemeinen in Zellstoffwerken nicht vorhanden; vor allem fehlt der Bedarf an großen Warmwassermengen.

Unmittelbare Wiederverwendung des Kondensats aus den Kocherheizungen zur Kesselspeisung ist nur unter allerpeinlichster Kontrolle, die täglich öfter zu erfolgen hat, zu befürworten. Es besteht nämlich immer die Möglichkeit, daß die Heizschlangen oder deren Kupplungen während einer Kochung undicht werden und es ist so in manchen Fällen unvermeidlich, daß ihr Niederschlagswasser gewisse Mengen SO_2 mitführt, die Anfressungen in Rohrleitung und Kessel bewirkt. Besser ist es immer, mittels Kühlschlange aus Kupfer mittelbar durch dieses Niederschlagwasser frisches Leitungswasser für die Zwecke der Kesselspeisung anzuwärmen und sogar hier ist noch strenge Kontrolle in bezug auf SO_2-Haltigkeit zu empfehlen.

Nach einer Richtung allerdings bricht sich die Verwendung besonders der an Abgasen und Niederschlagwasser gebundenen Abwärme immer mehr Bahn, nämlich zur Vorwärmung der Frischlauge. Durch deren Vorwärmung wird nicht nur die Abwärme nutzbringend verwertet, und dadurch der Betrieb in wärmewirtschaftlicher Hinsicht gewinnbringender gestaltet, es wird vielmehr dadurch, daß schon erwärmte Frischlauge in den Kocher kommt, dessen Gesamtkochzeit gekürzt, und seine Leistung bezogen auf die Zeiteinheit gehoben. Die Verfolgung des Gedankens, die Vor-

wärmung der Frischlauge etwa durch Zwischendampf aus Kraftmaschinen noch weiter zu treiben, als es durch Abwärmeverwertung aus dem Kocher selbst möglich ist, dürfte gegebenenfalls
gute Früchte tragen, da es hierdurch in ähnlicher Weise wie bei
der früher besprochenen Zentralheizungsanlage möglich würde,
einen Teil der Ankochperiode aus dem Kocher herauszulegen,
und so dessen Gesamtumtriebszeit zu kürzen. Schon Professor
Schwalbe weist darauf hin[1]), daß die Frischlauge ohne Verlust
an SO_2 bei Atmosphärendruck bis auf $70°$ C außerhalb des Kochers
vorgewärmt werden kann, und gibt somit wichtige Fingerzeige,
auf welcher Grundlage die auf verschiedenem Wege immer wieder
angestrebte Verkürzung der Kochung aufgebaut werden müßte.

Die mit Abgasen, Ablauge und Stoff abgehenden Wärmemengen sind aber nicht, wie es so oft in der Fachliteratur fälschlich
zu lesen ist, als Verluste anzusprechen, da ja der Kesseldampf tatsächlich seine Zweckbestimmung erfüllt hat und eine entsprechend
große Wärmemenge, die sich als Unterschied aus der gesamten und
theoretischen Wärmemenge darstellt, ausgenützt worden ist.
Als Verlust können lediglich die gegebenenfalls durch Nichtver-
wendung des Dampfkondensats verlorene Wärme und die verschiedenen früher behandelten Verlustwärmemengen gelten, also
alle jene Wärme, die größer ist wie die theoretische. In gleichem
Sinn müßte man es als Verlust buchen, wenn man z. B. die von
den Trockenzylindern einer Papiermaschine an die Papierbahn
übertragene Wärme nicht mehr ausnutzt.

Die Trocknung der Zellstoffe und ihr Wärmebedarf.

Die Entwässerungsmaschine.

Neben der Kochung ist die zweite Stelle, wo in einer Sulfitzellstoffabrik beträchtliche Mengen von Wärmeenergie zu Heizzwecken benötigt werden, die Zellstoffentwässerungsmaschine.
Sie ist aus ihrer älteren Schwester, der Papiermaschine, hervor-
gegangen, und ihr daher auch in vielen Fällen ähnlich. Sie hat
den Zweck, dem mit 3—5 vH. Trockengehalt auf die Maschine auf-
laufenden Stoff das Wasser bis auf 70—80 vH. abs. zu entziehen.
Die ganze Maschine zerfällt in zwei Hauptteile, in die Naß- und

---

[1]) Dr. Carl G. Schwalbe, „Chemie der Zellulose". Verlag Gebrüder
Bornträger, Berlin 1911.

Trockenpartie. Erstere gliedert sich in die Sieb- und Pressenpartie, letztere enthält eine mehr oder minder große Anzahl mit Dampf geheizter Trockenzylinder, über welche die Stoffbahn im Gegensatz zu den meisten Papiermaschinen ohne Filzanpressung läuft. Eine schematische Skizze der Maschine gibt Fig. 20.

Auf der Maschine kommt es nun hauptsächlich auf das Entziehen gewisser Wassermengen, teils auf mechanischem und teils auf wärmetechnischem Wege an. Ist nun

a_1 der Trockengehalt der Zellstoffbahn an der Stelle 1 in vH. abs.,

a_2 der Trockengehalt der Zellstoffbahn an der Stelle 2 in vH. abs.,

also $\dfrac{100 - a_1}{a_1}$ und $\dfrac{100 - a_2}{a_2}$ das Wassergewicht auf je 1 kg Stoff an den betreffenden Stellen, so ist das zwischen 1 und 2 zu entziehende Wassergewicht in kg $= \dfrac{100}{a_1} - \dfrac{100}{a_2}$ für 1 kg Zellstoff; untersucht man mit Hilfe dieser Beziehung die Maschine, so ergeben sich wichtige Aufschlüsse über ihren Belastungsgrad im ganzen und an verschiedenen Teilen.

Als Belastungsgrad ist nun das Wassergewicht zu verstehen, welches zwischen zwei Punkten der Maschine der Stoffbahn entzogen werden muß. Als Belastungsziffer der Trockenpartie ist demgemäß dasjenige Wassergewicht, das durch sämtliche Zylinder verdampft wird, anzusprechen. Nur diese Zahl bietet eine einwandfreie Vergleichsziffer verschiedener Trockenpartien. Durch die häufig zu findende alleinige Angabe der Maschinenleistung ist also der Belastungsgrad erst dann eindeutig bestimmt, wenn zu-

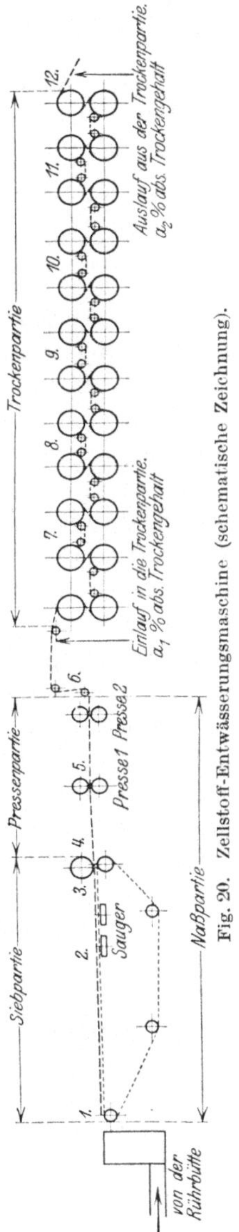

Fig. 20. Zellstoff-Entwässerungsmaschine (schematische Zeichnung).

gleich der Trockengehalt vor und hinter der Trockenpartie mit angegeben wird. Die Angabe der getrockneten Menge allein ist für die Kennzeichnung der Leistungsfähigkeit nur eine rohe Annäherung, da sich der Trockengehalt der Zellstoffbahn vor und hinter der Trockenpartie doch in Grenzen ändert, deren Einfluß nicht zu vernachlässigen ist. Die Belastungsziffer q in kg Wasser pro m² Heizfläche und Stunde schreibt sich demgemäß zu:

$$q = \frac{\left(\dfrac{100}{a_1} - \dfrac{100}{a_2}\right) \cdot P}{H} = \frac{100\,(a_2 - a_1) \cdot P}{a_1 \cdot a_2 \cdot H} \; \text{kg/m}^2 \cdot \text{St},$$

wobei P die Stundenleistung der Maschine in kg abs. trockenem Stoff, H die Gesamtheizfläche in m² bedeutet. Die Gleichung besagt, daß die Trockengehalte vor und hinter der Trockenpartie bei gleichbleibender Heizfläche von wesentlichen Einfluß auf die Belastungsziffern sind, und zwar führt die Untersuchung über den Einfluß von a_1 und a_2 auf q zu folgenden Ergebnissen. Verändert man a_1 in den praktisch vorkommenden Größen von 30—40 vH., während a_2 der Trockengehalt am Schluß der Maschine den Forderungen der Praxis entsprechend mit etwa 80 vH. konstant bleiben soll, so ist aus der Zahlentafel 6 sofort zu ersehen, daß sich die Belastungsmöglichkeit der Trockenpartie in ganz anderen Grenzen wie der Trockengehalt des einlaufenden Stoffes ändert. Es ergibt sich daraus, daß einer Erhöhung im Trockengehalt des einlaufenden Stoffes um 10 vH. eine Herabminderung der Belastung der Trockenpartie um 39 vH. entspricht. Der Einfluß der Erhöhung des Trockengehaltes beim Einlauf in die Trockenpartie ist um so größer, je niedriger der Trockengehalt an und für sich ist. Verändert man andererseits den Trockengehalt am Schluß der Maschine, innerhalb der im äußersten Falle vorkommenden Werte von 70—90 vH. abs., wobei die am meisten auftretenden Werte in den engen Grenzen von 75—86 vH. abs. liegen müssen, so ergibt sich durch Zahlentafel 7, daß eine Veränderung im Trockengehalt am Ende der Maschine von 70 auf 90 vH. die Belastung der Trockenpartie mit nur 21 vH. beeinflußt, also bedeutend geringer ist, wie wenn der Trockengehalt beim Einlauf in die Trockenpartie geändert wird. Es ist hier ordnungsgemäß die Unterscheidung zwischen dem augenblicklichen Belastungsgrad, der sich ja für jede mögliche Belastung der Maschine anders einstellen wird, und

Zahlentafel 6 und 7.

Einfluß des Trockengehaltes des in die Trockenpartie einlaufenden Stoffes auf die Belastung derselben (dabei ist der Trockengehalt am Ende der Maschine $a_2 = 88$ vH. abs. = konstant).

Trockengehalt des in die Trockenpartie einlaufenden Stoffes a_1	durch die Trockenpartie pro 1 kg abs. trock. Stoff zu entziehendes Wasser in kg	Gesamtänderung in dem zu verdampfenden Wassergewicht
30 vH. abs.	2,06 kg	—
35 vH. abs.	1,61 kg	—22 vH.
40 vH. abs.	1,26 kg	—39 vH.

Einfluß des Trockengehaltes des aus der Trockenpartie auslaufenden Stoffes auf die Belastung derselben (dabei ist der Trockengehalt beim Einlauf in dieselbe $a_1 = 35$ vH. abs. = konstant).

Trockengehalt des aus der Trockenpartie auslaufenden Stoffes a_2	durch die Trockenpartie pro 1 kg abs. trock. Stoff zu entziehendes Wasser in kg	Gesamtänderung in dem zu verdampfenden Wassergewicht
70 vH. abs.	1,44 kg	—
80 vH. abs.	1,60 kg	+11 vH.
90 vH. abs.	1,70 kg	+21 vH.

der höchsten Belastungsziffer einzuführen. Für vorliegende Arbeit interessiert nur die letztere Zahl, da sie ja zur Erzielung einer größten Maschinenausnutzung möglichst hoch anzustreben ist, und sich andererseits in dieser Zahl die Leistungsfähigkeit der Trockenpartie widerspiegelt.

Um nun eine vorhandene Trockenpartie möglichst auszunutzen, oder bei Produktionssteigerungen deren Leistungsfähigkeit zu erhöhen, ist es wichtig, den einen Faktor $(a_2 - a_1)$ der obigen Gleichung möglichst zu verkleinern, das heißt, a_2 muß seinem kleinsten, a_1 seinem größten Wert zustreben. Da nun a_2 aus Gründen der Frachtersparnis möglichst hoch und zwar auf 80—82 vH. gehalten werden muß, so ist in diesem Fall darauf zu sehen, daß der Trockengehalt des Stoffes am Einlauf in die Trockenpartie ein möglichst hoher ist. In normaler Weise wird der Stoff ja durch die Pressen vorgetrocknet, doch kann diese Auspressung nur bis zu einem gewissen Grade vorgenommen werden, da zu starkes Pressen die Zellstoffbahn zerdrückt. Man sucht daher neuerdings auf verschiedene Weise durch Wärmezufuhr vor oder während des Pressens z. B. durch Einschalten eines Anwärmezylinders, der vor der letzten Presse wie Fig. 21 zeigt, angeordnet ist[1]), bei gleichem Pressungsdruck den Wirkungsgrad der Pressen zu erhöhen. Durch derartige Vorrichtungen wird zugleich eine gewisse Vorwärmung des Stoffes schon vor der Trockenpartie erzielt, so daß derselbe schon angewärmt in dieselbe einläuft.

Wie die Betriebsbeobachtungen zahlreicher ausgeführter Maschinen zeigen, kann man mit einer Leistung der Zellstoffentwässerungsmaschine von 7,5—8,5 kg lufttrockenem Zellstoff pro 1 m² Heizfläche und Stunde als Durchschnittswert rechnen, natürlich unter Voraussetzung, daß die Maschine in all ihren Teilen in Ordnung und gut instandgehalten ist, wobei an den Dampfteil

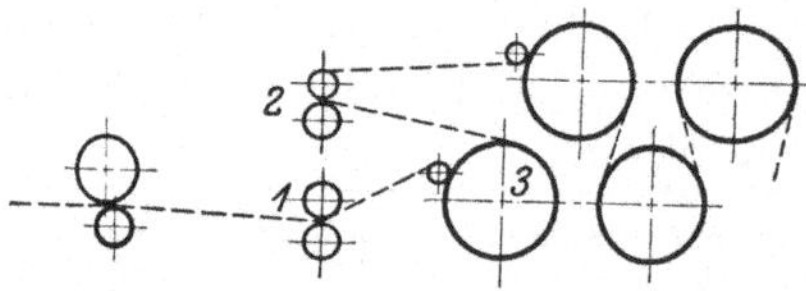

Fig. 21. Zwischen Presse 1 und 2 ist Anwärmezylinder 3 eingeschaltet. Nils Pedersen Am. Pat. Nr. 1 050 164.

folgende Forderungen zu stellen sind, um ein einwandfreies Arbeiten zu gewährleisten: Trockener Dampf, am besten mit einer Überhitzung von 4—5° C an die Maschine kommend, Ölfreiheit des Dampfes, da Ölschichten in den Zylindern den Wärmeübergang in sehr hohem Maße stören[2]), gut wirkende Kondenswasserschöpfvorrichtung und tadellos arbeitender Kondenstopf für jeden Zylinder, der wenn möglich in einen vorhandenen Behälter frei ausgießen soll, so daß man imstande ist, jeden Topf auf seine Wirkungsweise nachzuprüfen. Bei der Menge der Töpfe und der in Zellstoffabriken üblichen durchgehenden Arbeitsweise sind anderenfalls große Dampfverluste infolge schlechten Arbeitens der Kondenstöpfe unvermeidlich. Das Niederschlagwasser ist natürlich zum Speisen der Kessel wieder zu verwenden.

Bei der von mir untersuchten Maschine ergibt sich nun die Belastungsziffer bei der Stundenleistung von 1900 kg lufttrockenem Zellstoff = 1670 kg abs. trockenem Zellstoff zu

$$q = \frac{100\,(78 \cdot 38)\,1670}{78 \cdot 38 \cdot 235} = 9,6 \text{ kg/m}^2, \text{ st.}$$

---

[1]) Amerikanisches Patent 1 050 164 von Nils Pedersen.

[2]) Reutlinger a. a. O., Die Wärmeleitzahlen für Öle sind äußerst gering: λ (Mineralöl) = 0,1 WE m^{-1} st^{-1} °C^{-1}, λ (starres Fett) = 0,16 WE m^{-1} st^{-1} °C^{-1}.

Es ist nun lehrreich zu sehen, wie sich die Zellstoffentwässerungsmaschine unter die ähnlich arbeitenden Papiermaschinen einordnet; Kirchner berechnet für die drei Arten von Papiermaschinen nämlich Druckpapier-, Feinpapier- und Selbstabnahmemaschine (Seidenpapiermaschine), die einschlägigen Werte[1]). Ich habe die von mir untersuchte Zellstoffentwässerungsmaschine diesen gegenübergestellt und Vergleichszahlen in Tafel 8 niedergelegt. Es ist daraus zu ersehen, daß die Entwässerungsmaschine eine höhere Belastungsziffer hat, wie Druck- und Feinpapiermaschine, dagegen weit unter der Selbstabnahmemaschine ohne

Zahlentafel 8.

Vergleich der Zellstoff-Entwässerungsmaschine mit verschiedenen Gattungen von Papiermaschinen.

Maschinen-Art	Trockengehalt beim Einlauf in die Trockenpartie	Bahngeschwindigkeit	Grammgewicht	Leistung pro m² Heizfläche und Stunde	Belastungsziffer = verdampftes Wasser pro m² und Std.
	vH.	in m/Min.	in g pro m²	kg abs. tr.	kg
Druckpapiermaschine .	45	200	56	4,19	5,12
Feinpapiermaschine . .	42	66	80	6,14	8,48
Selbstabnahmemaschine	30	100	20	12,8	29,90
Zellstoff-Entwässerungsmaschine	38	22	650 lufttr.	7,1	9,6

Filz steht. Ohne weiteres ist dies dadurch erklärlich, daß die ersten beiden Maschinen mit Trockenfilz an den Zylindern arbeiten. Eine große Menge des aus der Papierbahn verdampfenden Wassers geht in die Filze und muß durch die Filztrockner, deren Heizfläche selbstverständlich in die Gesamtheizfläche der Maschine mit hereinzurechnen ist, größtenteils ein zweites Mal verdampft werden, ferner ist auch der freie Verdampfungsvorgang sehr gehindert. Mit der Selbstabnahmemaschine hat die Entwässerungsmaschine den großen Vorteil des Arbeitens ohne Filz voraus; bei der ersten läuft jedoch eine Papierbahn, die nur Bruchteile von Millimetern stark ist, über einen bis 3 m im Durchmesser messenden Zylinder, der außerdem ausgezeichnete Lüftungsverhält-

---

[1]) Kirchner, „Die Leistung der Papiermaschinen-Trockenapparate". Wochenbl. f. Papierfabrikation 1913, S. 1598.

nisse für die Oberfläche der Papierbahn bietet, so daß für ihre Trocknung die denkbar günstigsten Verhältnisse gegeben sind. Bei der Entwässerungsmaschine wird trotz des Arbeitens ohne Filz die Möglichkeit starker Wasserverdampfung schon wieder durch die 3—4 mm starke Stoffbahn erschwert, aus der das Wasser selbstverständlich nicht so leicht zu verdampfen ist, wie bei der außerordentlich zarten Papierbahn der Selbstabnahmemaschine. Zudem bietet die Entwässerungsmaschine bei der nötigen Länge des Trocknungsweges, der z. B. bei der untersuchten Maschine 95 m gegenüber 9,4 m bei der betreffenden Seidenpapiermaschine beträgt, durch den bei der großen Zahl von Zylindern nicht zu vermeidenden Übereinanderbau derselben für die abzuziehenden Dämpfe viel schlechtere Lüftungsverhältnisse. Durch die Art nämlich wie die Zellstoffbahn über die Maschine geführt werden muß, ist bedingt, daß der durch die Wasserverdampfung auf den unteren Zylindern sich bildende Dampf bei seinem natürlichen Abzug der Hauptsache nach nochmals auf die Zellstoffbahn trifft und förmlich zwischen diese und die oberen Zylinder hereingezogen wird, und dort die Wärmeabgabe hindert; nur ein gewisser Teil quetscht sich seitlich heraus. Durch künstliche seitliche Absaugung dieser Dämpfe wird der Verdampfungsvorgang auf den Zylindern selbst freier und lebhafter. Dabei ist zu beachten, daß die frische kalte Luft zwangläufig durch Rohre und Kanäle von unten in die Maschine eintritt und durch die Deckel der Zylinder genügend vorgewärmt wird, da warme Luft bedeutend aufnahmefähiger für Wasserdampf ist. Zugleich läßt sich dadurch ein Teil der sonst als Verlust zu buchenden Ausstrahlwärme der Zylinderdeckel nutzbringend verwerten, und kann so durch die Absaugung der Dämpfe zweifelsohne eine Leistungssteigerung der Maschine erzielt werden.

Wärmeverbrauch der Entwässerungsmaschine.

Zur Berechnung der auf der Trockenpartie theoretisch nötigen Wärmemenge ist zu bemerken, daß Wasser und Zellstoff auf die Verdampfungstemperatur des Wassers gebracht werden muß, und daß das erstere dann bis auf geringe Reste in Dampfform überzuführen ist. Ist nun

a_1 und a_2 der Trockengehalt vor und hinter der Trockenpartie in vH. abs.,

t_s die Verdampfungstemperatur des Wassers,

t_1 die Stoffwassertemperatur beim Einlauf in die Trockenpartie,

c die spezifische Wärme des Wassers,

c_z die spezifische Wärme des Zellstoffes,

r die Verdampfungswärme des Wassers,

so ist die ganze theoretisch der Stoffbahn zuzuführende Wärme um den Stoff vom Trockengehalt a_1 auf a_2 zu bringen gemäß obigen 3 Zustandsänderungen

$$W_{th} = W_1 + W_2 + W_3$$
$$= \left(\frac{100}{a_1} - 1\right) c \cdot (t_s - t_1) + 1 \cdot c_z (t_s - t_1) + \left(\frac{100}{a_1} - \frac{100}{a_2}\right) \cdot r \; \text{WE/kg},$$
$$= (t_s - t_1)\left[\left(\frac{100}{a_1} - 1\right) c + c_z\right] + \left(\frac{100}{a_1} - \frac{100}{a_2}\right) \cdot r \; \text{WE/kg};$$

die Auswertung dieser Gleichung hat keine Schwierigkeit. Die spezifische Wärme des Zellstoffes c_z ist nach einer sehr bemerkenswerten Arbeit von O. Dietze zu 0,319 einzusetzen[1]), und zwar ist diese spezifische Wärme nach dem gleichen Verfasser im vorliegenden Temperaturbereich konstant. Es ergibt sich für einen in der Praxis sehr häufig vorkommenden Fall von $a_1 = 35$ vH. abs., $a_2 = 82$ vH. abs. $t_1 = 15°$ C und $t_s = 100°$ C, $W_{th} = 1100,9$ WE theoretisch nötige Wärmemenge für 1 kg abs. trockenen Stoff in den obigen Trockengehaltsgrenzen oder umgerechnet auf die Bezugseinheit von 1 kg lufttrockenem Stoff $W'_{th} = 968$ WE/kg Zellstoff.

Aus obiger Rechnung wäre noch als bemerkenswert hervorzuheben, daß die Wärmemenge, die auf die Erwärmung des Zellstoffes selbst fällt mit $(t_s - t_1) \cdot c_z = 27,1$ WE/kg $= 2,7$ vH. der

---

[1]) O. Dietze, „Über die spezifische Wärme von Faserstoffen." Dissertation Dresden 1911. Der Verfasser untersuchte verschiedene Faserstoffe und kommt zu dem Ergebnis, daß die spezifische Wärme der pflanzlichen, tierischen und künstlichen Faserstoffe fast genau gleich ist. Sie ist unabhängig von der Temperatur und liegt zwischen 0,319 und 0,331 WE/kg; die spezifischen Wärmen der wichtigsten hier in Betracht kommenden Faserstoffe sind:

Baumwolle	0,319 WE/kg	Nadelholzschliff	0,327 WE/kg
Sulfitstoff	0,319 „	Flachs	0,321 „
Natronstoff	0,323 „	Streichwolle	0,325 „
	Rohseide	0,331 WE/kg	

Gesamtwärme so gering ist, daß sie im Verhältnis zu den großen zu verdampfenden Wassermengen fast vernachlässigt werden kann.

Der tatsächliche Dampfverbrauch wurde von mir auf Grund wiederholter Niederschlagswassermessungen verbunden mit Trockengehaltsbestimmungen zu 2,36 kg für 1 kg abs. trockenem Stoff oder zu 2,07 kg für 1 kg lufttrockenen Stoff festgelegt, wobei vollkommen trockener Dampf von 2 Atm. Überdruck zur Verfügung stand[1]). Nimmt man an, daß das Niederschlagswasser mit etwa $^1/_2$ Atm. Überdruck abging, so würde für 1 kg Dampf 535 WE frei, bei 2,36 kg also 1262,6 WE/kg Zellstoff. Setzt man diese Zahl mit der theoretisch nötigen Wärmemenge in Verbindung, so ergibt sich der Wirkungsgrad der Trockenpartie zu

$$\eta = \frac{\text{theoretische Wärmemenge}}{\text{tatsächlich verbrauchte Wärmemenge}} = \frac{1100,9}{1262,6} = 0,87$$

also 87 vH.

Derselbe nimmt natürlich mit abnehmender Belastungsziffer der Maschine ebenfalls ab, da die Gesamtwärme sinkt, die verschiedenen Verlustwärmemengen aber, vor allem die Strahlungsverluste an den Zylinderdeckeln konstant bleiben.

Der Trocknungsvorgang.

Bei der Trocknung des Zellstoffes kommen nun Temperaturen von 90—100° C vor, und war es früher eine oft bestrittene Frage, ob dieselbe eine Zersetzung und dadurch eine Gewichtsminderung des Zellstoffes herbeiführen[2]). Die Klärung war sehr wichtig, einmal um zu entscheiden, ob der Trocknungsvorgang auf der Maschine selbst Verluste durch Zersetzen der Fasern zur Folge hat, hauptsächlich aber darum, weil sich auf den sogenannten Stofftrockenproben die gleich hinter der Maschine wiederholt der Stoffbahn entnommen werden, und zur Bestimmung des tatsächlichen Trockengehaltes der Verkaufsware in eigenen kleinen

<hr>

1) Dr. H. Klein a. a. O. rechnet in seiner schon angeführten Arbeit 30—50 kg Kohle zum Trocknen, also bei der angenommenen 6,2fachen Verdampfung 184—310 kg Dampf für 100 kg Zellstoff. Die obere Grenze dieser Angabe liegt allerdings recht hoch.

2) Hans Hofmann: „Pergamyn und Trocknung von Zellstoffen". Dissertation Göttingen 1906. Max Renker „Die Bestimmungsmethoden der Cellulose". Berlin 1910.

Trockenschränken unter 90—120° C bis zur absoluten Trockenheit
gebracht werden, der ganze Verkauf des Zellstoffes aufbaut. Da
es nicht möglich ist, die Zellstoffbahn in genau ein und demselben
Trockengehalt über längere Zeit aus der Maschine herauszube-
kommen, dienen diese mit großer Sorgfalt genommenen Proben
als Ausgangspunkt für Lieferung und Abrechnung. Es liegt auf
der Hand, daß im Falle von Gewichtsminderungen, die durch
die übliche Trocknungsart der Trockenproben in den Schränken
bedingt sind, selbst wenn es sich nur um wenige Hundertteile
handelt, bei der Größe der versandten Mengen der Verkäufer ge-

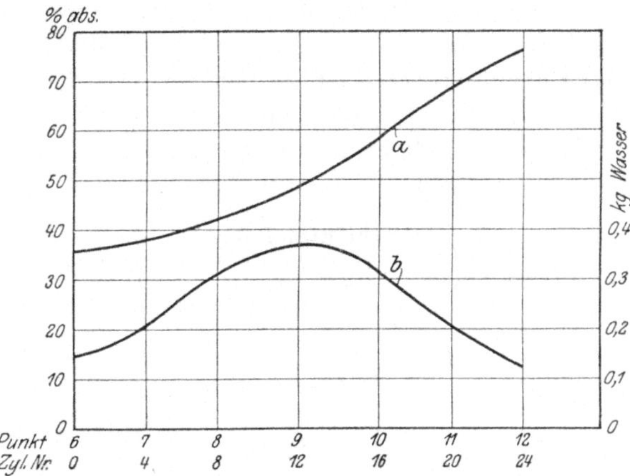

Fig. 22. Verlauf der Trocknung auf einer Zellstoffentwässerungsmaschine.
Kurve a = Verlauf des abs. Trockengehaltes auf der Trockenpartie,
Kurve b = Verlauf der Leistungskurve, die angibt, wieviel Wasser pro 1 kg abs. trocknen
Stoffes zwischen 2 Punkten zu verdampfen ist.

gebenenfalls Schaden, der Käufer aber bedeutenden ungerecht-
fertigten Nutzen haben würde.

Zur endgültigen Erledigung dieser Streitfrage beauftragte nun
der Verein der Zellstoff- und Papierchemiker das kgl. Materialprüfungsamt, festzustellen, ob bei der üblichen Trockengehalts-
bestimmung von Zellstoff durch Erhitzen des Materials auf
100—105° C das Trockengewicht richtig ermittelt oder infolge
etwaiger Zersetzung während des Trocknens zu hoch oder zu niedrig gefunden wird. Das Materialprüfungsamt machte daraufhin
mit 9 Sorten von gut und nicht gut gewaschenem Natron- und
Sulfitzellstoff gebleicht und ungebleicht von verschiedenen

Fabriken die eingehendsten Versuche. Die Versuchsreihen ergaben, daß die bei 90 und 105° C ermittelten Werte für den Trockengehalt als vollständig genügend genau anzusehen sind[1]). Es tritt selbst beim Trocknen von Zellstoff bis zu 100° C keine so weitgehende Zersetzung auf, daß der Trockengehalt in einer für die Praxis zu berücksichtigenden Höhe beeinflußt würde, selbst dann nicht, wenn die Stoffe nicht ganz ausgewaschen sind. Das Gesamtergebnis der Untersuchung wurde dahin zusammengefaßt, daß die bisher übliche Bestimmung des Trockengehaltes bis etwa 105° C einwandfrei ist und zutreffende Werte liefert.

Um nun zu untersuchen, wie die Trocknung auf der Maschine verläuft und fortschreitet, wurden von mir auf der in Frage kommenden Entwässerungsmaschine bei etwa 1750 kg abs. trockener Leistung Versuche angestellt und zu diesem Zweck an verschiedenen Stellen der Maschine und zwar auch in der Naßpartie Stoffproben entnommen und deren Trockengehalt festgestellt.

Zahlentafel 9.

Verlauf der Trocknung auf der Zellstoff-
Entwässerungsmaschine.

Punkt	Bezeichnung	Trockengehalt abs. vH.	Zwischen zwei Punkten	
			Erhöhung im Trockengehalt vH.	Zu entziehendes Wasser kg
1	Auflauf aufs Sieb	etwa 5	—	—
2	Vor den Saugern	„ 12	7	11,67
3	„ der Gautsche . . .	15	3	1,66
4	Hinter der Gautsche . .	20	5	1,67
5	„ „ 1. Presse . .	30	10	1,67
6	„ „ 2. „ . .	35	5	0,47
7	„ Zylinder Nr. 4 .	37	2	0,16
8	„ „ „ 8 .	41	4	0,26
9	„ „ „ 12 .	48	7	0,35
10	„ „ „ 16 .	58	10	0,37
11	„ „ „ 20 .	68	10	0,25
12	„ „ „ 24 .	76	8	0,15

Die Nummern der Punkte in Fig. 22 und Zahlentafel 9 beziehen sich auf Fig. 20.

---

[1]) Die ganzen Versuchszahlenreihen sind niedergelegt im Prüfungszeugnis A Nr. 45 200, Abt. 3, Nr. 18 518 des kgl. Materialprüfungsamtes Abt. für Papier- und Textiltechnische Prüfungen. Veröffentlicht auch in der Papierzeitung 1909, S. 3127.

Es ergaben sich hier die in Zahlentafel 9 und in Fig. 22 (für das Gebiet der Trockenpartie) bildlich niedergelegten Werte. Dieselben zeigen deutlich wie der Haupttrocknungsvorgang in die Mitte der Trockenpartie fällt, wo die größte Wasserverdampfung stattfindet. Ich möchte hierbei für spätere Versuche die Anregung geben, bei einer kleinen Entwässerungsmaschine, die also zweckdienlicherweise nicht zu viele Zylinder haben sollte, nicht nur den fortschreitenden Trockengehalt der Stoffbahn, sondern auch durch Messung des Niederschlagwassers den Dampfverbrauch eines jeden einzelnen Zylinders zu bestimmen, um so eine Beziehung zwischen seiner Leistung und seinem Dampf- bzw.

Zahlentafel 10.

$a =$ Trockengehalt des Stoffwassers in vH. absolut.
$b =$ das auf 1 kg abs. trockenen Stoffes treffende Wasser in kg.

Es besteht dann die Gleichung $b = \dfrac{100}{a} - 1$.

a	b	a	b	a	b	a	b
1	99	26	2,85	51	0,96	76	0,32
2	49	27	2,70	52	0,92	77	0,80
3	32,3	28	2,57	53	0,89	78	0,28
4	24	29	2,45	54	0,85	79	0,27
5	19	30	2,33	55	0,82	80	0,25
6	15,7	31	2,23	56	0,79	81	0,23
7	13,3	32	2,13	57	0,77	82	0,22
8	11,5	33	2,03	58	0,72	83	0,20
9	10,1	34	1,94	59	0,69	84	0,19
10	9,0	35	1,86	60	0,67	85	0,18
11	8,09	36	1,78	61	0,64	86	0,16
12	7,33	37	1,70	62	0,61	87	0,15
13	6,96	38	1,63	63	0,59	88	0,14
14	6,16	39	1,56	64	0,56	89	0,12
15	5,67	40	1,50	65	0,54	90	0,11
16	5,25	41	1,44	66	0,52	91	0,10
17	4,88	42	1,38	67	0,49	92	0,09
18	4,65	43	1,32	68	0,47	93	0,08
19	4,27	44	1,27	69	0,45	94	0,06
20	4,00	45	1,22	70	0,43	95	0,05
21	3,76	46	1,17	71	0,41	96	0,04
22	3,55	47	1,13	72	0,39	97	0,03
23	3,35	48	1,09	73	0,37	98	0,02
24	3,17	49	1,04	74	0,35	99	0,01
25	3,00	50	1,00	75	0,33	100	0,00

seinem Wärmeverbrauch zu erlangen. Man könnte hieraus den Wirkungsgrad jedes einzelnen Zylinders rechnen und eine über das ganze Gebiet der Trockenpartie ausgedehnte Wirkungskurve entwerfen, die ähnlich wie die Leistungskurve in Fig. 22 verlaufen, sich jedoch nicht mit ihr decken würde. Bei der Größe der baulichen Anlage und den Betriebsverhältnissen der mir zur Verfügung gestandenen Maschine konnte ich solche Versuche zu meinem Bedauern leider nicht durchführen und muß mich also auf die Anregung hierzu beschränken.

Bemerkt sei, daß in der obigen Zahlentafel immer mit den absoluten Trockenzahlen gerechnet ist, da nur diese Rechnungsart eine glatte Rechnung ermöglicht und der Übergang auf die lufttrockenen Werte ja jederzeit leicht zu bewerkstelligen ist. Bei derartigen Rechnungen ist es immer wieder nötig, zu einem bestimmten durch Versuch gefundenen Trockengehalt dasjenige Wassergewicht anzugeben, welches bei diesem Trockengehalt von z. B. a vH. in 1 kg abs. trockenem Stoff enthalten ist und zwar beträgt dasselbe $\left(\dfrac{100}{a} - 1\right)$ kg. Ich habe daher zur sofortigen Übersicht die Tafel 10 aufgestellt, die zu jedem Trockengehalt das dazugehörige Wassergewicht für 1 kg abs. trockenen Stoffes abzulesen gestattet. Hat man dann z. B. an zwei Stellen der Maschine oder ganz allgemein des sonstigen Fabrikationsganges die beiden Trockengehalte durch Versuch festgestellt, so gibt der Unterschied der entsprechenden Werte aus der Zahlentafel das auf 1 kg abs. trockenen Stoffes zwischen diesen Stellen zu entziehende Wasser.

Der Kraftbedarf der Zellstoffabrik.

Wie sich aus den bisherigen Untersuchungen ergab, ist der Heizdampfbedarf einer Zellstoffabrik sehr bedeutend, der Kraftbedarf dagegen ist verhältnismäßig niedrig und auf angenähert gleicher Höhe bleibend. Schwere Arbeitsmaschinen, die oftmals ein- und ausgerückt werden, fehlen fast ganz, so daß kräftige Stöße im Kraftbedarf selten vorkommen. Seine Gleichmäßigkeit ist dadurch gesichert, daß die einzelnen Abteilungen sich ergänzen und voneinander abhängig sind. So ist z. B. unumgänglich nötig, daß sämtliche Maschinen, die zwischen dem Kochprozeß und dem

Fertigfabrikat liegen, immer zusammenarbeiten, da jede der vorhergehenden das Fabrikat abnimmt. Nur die Holzvorbereitung bildet eine Gruppe für sich, doch arbeitet auch sie bei geordnetem Fabrikationsgang ununterbrochen. Die geringfügige Größe des Kraftverbrauchs einer Zellstoffabrik erklärt sich hauptsächlich daraus, daß außer in der Holzputzerei eine Umformung des Fabrikationsgutes auf mechanischem Wege nicht zu leisten ist; fast sämtliche Arbeitsmaschinen sind, nachdem das Holz die Hackmaschine und die Schleudermühle verlassen hat, mit einer Ausnahme Sortiermaschinen, die durch Fördervorrichtungen verknüpft sind. Bei der Verarbeitung auf einem Teil der ebengenannten Maschinen ist jedoch großer Wasserzusatz Grundbedingung. Es fällt also ein ansehnlicher Teil des Gesamtkraftbedarfes auf die Wasserförderungsanlage, zudem auch in der Kocherei beim Auswaschen und Leeren der Kocher bedeutende Wassermengen in kurzer Zeit zu liefern sind.

Um den wirklichen Gesamtkraftbedarf für die einzelnen Fabrikationsabteilungen einschließlich aller Verluste, wie Transmissionsverluste usw. festzulegen, hat Verfasser die Durchschnittwerte von monatelangen Betriebsaufschreibungen gebildet, woraus sich in Zahlentafel 10 a die Kraftbedarfs-Zahlen für die einzelnen Abteilungen der untersuchten Zellstoffabrik, die mit elektrischem Gruppenantrieb ausgerüstet war, ergeben. Diese Zahlentafel ist nun nach dem Kraftbedarf für die Fabrikations-

Zahlentafel 10a.

Kraftbedarfs-Zahlen.

Fabrikations-Abteilung	Kraftbedarf in KW-st für 100 kg lufttr. Zellstoff KW-st	Kraftbedarf in %	
		der reinen Fabrikation vH.	der Fabrikation inkl. Wasserw. vH.
Holzputzerei	5,02	44,2	23,3
Separation u. Entwässerungs- maschine	3,01	26,4	14,0
Ästeaufbereitung	3,37	29,4	15,7
Kraftbedarf der Fabrikation ohne Wasserwerk	11,40	100	—
Wasserwerk	10,10	—	47,0
Gesamtkraftbedarf einschl. Wasserwerk	21,50	—	100

5*

maschinen und für den Kraftbedarf des Wasserwerkes der Zellstoffabrik getrennt ausgerechnet. Der Grund hierfür war der, daß die unter 1, 2, 3 und 4 angegebenen Zahlen in geringer Abweichung für jede Zellstoffabrik Gültigkeit haben. Die Wasserförderungsanlage aber, deren verhältnismäßiger Anteil am Gesamtkraftbedarf nicht nur bei der vorliegenden Untersuchung, sondern bei jeder Zellstoffabrik in Anbetracht des großen Wasserbedarfes ein sehr hoher ist, wurde getrennt aufgeführt, da die hierfür sich ergebende Zahl in verschiedenen Betrieben zu großen Schwankungen unterworfen ist, und die Wasserförderungskosten außer von dem Fabrikationsgang selbst, bei dem mit sehr verschiedenen Verdünnungsgraden und teilweise auch mit Wiederverwendung des Siebwassers der Entwässerungsmaschine gearbeitet wird, zu viel von den örtlichen Verhältnissen, besonders aber auch von dem Höhenunterschied zwischen der Wasserentnahmestelle und dem unbedingt nötigen Hochbehälter abhängig sind. Einen bedeutenden Anteil an dem Gesamtkraftbedarf machen jedoch die Wasserförderungskosten in jeder Zellstoffabrik aus. Zu bemerken ist noch, daß der Kraftbedarf für die Kochung in obiger Zahlentafel nicht eigens ausgeschieden ist, sondern sich in dem Posten Separation wiederfindet, da für die Kochung mechanische Energie nur zum Betrieb der Laugenpumpe dient, die bei jeder Kochung ein bis zwei Stunden läuft und somit der Kraftverbrauch für die Kochung nur etwa 0,07 KW-st für 100 kg Zellstoff ausmacht. Zum besseren Vergleich wurde dementsprechend der verhältnismäßige Kraftverbrauch der einzelnen Fabrikationszweige einmal auf den Kraftbedarf ohne und das anderemal mit Wasserförderung bezogen. Als das Hauptergebnis der Untersuchung ist die Zahl 11,397 KW-st Kraftbedarf der reinen Fabrikation für 100 kg lufttrockenen Zellstoff, sowie 21,5 KW-st Gesamtkraftbedarf für 100 kg lufttrockenen Zellstoff mit Einschluß der Wasserförderung anzusehen. Für Licht, Werkstattbetrieb usw. ist zu obigen Beträgen noch etwa 1—2 vH. zuzuschlagen; meines Wissens sind ins einzelne gehende Zahlen über Kraftverbrauch in Zellstoffwerken noch nicht veröffentlicht worden, wenigstens fand ich solche in der Fachliteratur nicht vor. Dr. H. Klein rechnet als Gesamtdurchschnittswert 40 PS/St. für 100 kg Zellstoff[1]),

---

[1]) Dr. H. Klein, Wochenbl. f. Papierfabrikation 1911, S. 2147.

jedoch ohne irgendwelche Angaben unter welchen Umständen er die Zahl gewonnen hat. Durch die obige Zahlentafel haben wir gute Anhaltspunkte für den Gesamtkraftbedarf und für den der verschiedenen Fabrikationsabteilungen erhalten. Eine weitere dankbare Aufgabe, zu der hier die Anregung gegeben werden soll, wäre es, den Kraftbedarf der einzelnen Arbeitsmaschinen besonders derjenigen, die wie Schälmaschinen, Hackmaschinen, Schleudermühlen und Stoffauflöser größere mechanische Arbeit zu leisten haben, unter jeweiliger Veränderung der verschiedenen Betriebsbedingungen erschöpfend zu untersuchen. Solche Untersuchungen fehlen noch so gut wie ganz und würden daher wohl eine Fülle wichtiger Erkenntnisse bringen und fruchtbringend für die Praxis sein.

Der Gesamtdampfverbrauch.

Die Zellstoffabrik ohne Papierfabrik.

Die vorhergehenden Untersuchungen ergeben nun, wenn alle Angaben auf 100 kg lufttrockenen Zellstoff gerechnet werden, zusammengestellt die Zahlentafel 11. Dieselbe lehrt, daß in der Sulfitzellstoffabrikation beinahe 75 vH. allen Dampfes zu Heiz- und Kochzwecken benötigt wird, während nur etwa 25 vH. für Kraftzwecke in Betracht kommen. Rechnet man, um auf Geldwerte zu kommen, mit einer mittleren Kohle von etwa sechsfacher Verdampfung, so ergibt sich ein Kohlenverbrauch von 111 kg Kohle für 100 kg lufttrockenem Zellstoff.

Zahlentafel 11.

Werktagsdampfverbrauch einer Zellstoffabrik.

	In kg Dampf für 100 kg lufttr. Zellstoff		In vH. des Gesamtdampfverbrauchs	
	kg	kg	vH.	vH.
Dampfverbrauch zum Kochen	285		42,6	
Dampfverbrauch zum Trocknen	207	} 492	31,2	} 73,8
Dampfverbrauch zu Kraftzwecken . . .		172		26,2
Gesamtdampfverbrauch		664		100

Dieser Wert bedarf insoweit einer Berichtigung, als in Wirklichkeit in fast jeder Zellstoffabrik die in großer Menge in der Holzputzerei anfallenden Späne mit verheizt werden, also eine bestimmte Menge des obigen Brennstoffverbrauches in Form von Holzspänen gefeuert wird, die die Fabrikation selbst zur Verfügung stellt. Wahrscheinlich ist allerdings, daß die Werke vielleicht schon recht bald davon abkommen, diese Späne zu verfeuern. Die ganze wirtschaftliche Lage und die ständige rasche Aufwärtsbewegung der Holzpreise drängt nämlich darauf hin, auch diese Späne, die ja im Jahr eine ganz gewaltige Holzmenge ausmachen, und an denen gerade sehr gutes Holz haftet, nach entsprechender Verkleinerung zu verkochen und sie dann als Zellstoff in weit edlerer Form und zu vielfach höheren Preisen verkaufen zu können, als es ihrer jetzigen Verwendung in der Feuerung entspricht. Vorläufig liegen aber die Verhältnisse noch so, daß die Späne fast überall verfeuert werden, und so müssen sie auch in dieser Weise berücksichtigt werden. Doch glaubte ich obigen kurzen Hinweis nicht unterlassen zu dürfen.

Nach verschiedenen eigenen und fremden Versuchen werden nun die Durchschnittsverhältnisse ziemlich genau getroffen, wenn man 10—12 Gewichtsteile Schälverlust zugrunde legt[1]). Dieser Wert setzt voraus, daß das Holz im Walde bereits von der groben äußeren Rinde befreit ist und in der Holzputzerei nur noch der Bast und feinere Rindenteilchen zu entfernen sind und wird sich der Schälverlust nach Holzart, Holzgröße, Beschaffenheit und Einstellung der Maschinenmesser etwas ändern. Rechnet man nun mit einer Ausbeute an Zellstoff von 150 kg für 1 rm Holz, und setzt man das Gewicht eines ungeschälten Raummeters Fichten- oder Tannenholzes durchschnittlich mit 450 kg an, so ergibt sich für 100 kg Zellstoff ein Aufwand an reinem guten Holz von 264,4 kg und ein Schälverlust von 35,6 kg bei 12 vH. Rechnet man nun entsprechend 'dem beiderseitigen Heizwert 3 kg Späne gleichwertig mit 1 kg Kohle, so bekommen wir als den tatsächlich aufzuwendenden Kohlenverbrauch für 100 kg Zellstoff 99,1 kg Kohle. Bei Verheizung von Schälspänen kann also für die Kalkulation damit gerechnet werden, daß etwa nur 90 vH. der auf Tafel 11 angegebenen Dampfmengen durch Kohle zu erzeugen sind. In beiden

---

[1]) Kirchner, „Holzschleiferei", Schälverluste bei Fichtenholz. — Hofmann, „Handbuch der Papierfabrikation", Bd. 2, S. 1428.

Fällen bleibt der Dampfverbrauch selbstverständlich seiner tatsächlichen Größe nach gleich, in letzterem Fall sind nur die Kosten für den Unterschied von 10 vH. nicht im Kohlen-, sondern im Holzkonto enthalten.

Für die weiteren Untersuchungen, die sich darauf erstrecken sollen, wie sich der Heiz- und der Kraftdampfbedarf zeitlich zueinander verhalten, soll die Voraussetzung gemacht werden, daß die Fabrik und ihre Maschinen so gut wie voll belastet sind. Wäre das nicht der Fall, so ist eine Erörterung der obigen Frage wegen Eintretens von Stillständen überhaupt unmöglich. Es ist nun zwischen Werktags- und Sonntagsbetrieb zu unterscheiden. Der Betrieb in jeder Zellstoffabrik läuft ohne Pause Tag und Nacht auch Sonntags durch mit der einen Ausnahme, daß die Holzputzerei an Sonntagen 24 Stunden und an Werktagen zu den üblichen Arbeitspausen steht. Der im allgemeinen gleichmäßige Kraftbedarf erfährt daher in den oben erwähnten Zeiten durch das Stehen der Holzputzerei eine Abminderung von etwa 23 vH. Da der Wasserverbrauch zu Zeiten des Kocherleerens plötzlich stark ansteigt, ist ein wesentlicher Helfer für eine gleichmäßige Belastung des Kraftwerks ein Hauptwasserbehälter von recht bedeutendem Fassungsvermögen. Ist ein solcher nicht oder nur in ungenügender Größe vorhanden, so geht der Kraftbedarf zu Zeiten des Kocherleerens infolge des erhöhten Wasserverbrauchs stark hinauf.

Von der Gesamtsumme des Heizdampfes ist der Verbrauch zu Trockenzwecken über die ganze Woche einschließlich des Sonntags so gut wie vollständig gleichmäßig verteilt, da jede Zellstoff·fabrik ohne angegliederte Papierfabrik fast nur trockenen Stoff herausarbeitet. Der Verbrauch zu Kochzwecken ist im Gegensatz hierzu der Natur der Sache nach sehr schwankend, und seine Kurve weist mitunter große Höchstwerte auf. Es ist vorteilhaft für die Gleichmäßigkeit des Dampfverbrauches, danach zu trachten, die Kocher in Zeitabständen von möglichster Gleichheit zum Ankochen zu bringen. Geschieht das nicht, erfolgt vielmehr das Ankochen der verschiedenen Kocher rasch hintereinander so sind für mehrere Stunden außerordentliche Höchstleistungen durch das Kesselhaus herbeizuführen, wogegen dann am Ende der Kochungen kleinste Dampfleistungen vorhanden sind, die sogar den Wert Null annehmen können. Daß die gleichmäßige Beanspruchung der Kesselanlage sich für diese natürlich viel günstiger gestaltet und eine viel zweckmäßigere und wirtschaftlichere Ausnützung der Kesselheizflächen gewährleistet, liegt auf der Hand, während das eng aneinander gerückte Ankochen der Kocher eine ungesunde Anstrengung der Kessel verlangt; man sollte aus diesen Gründen immer danach trachten, das Ankochen gleichmäßig über die ganze Betriebszeit zu verteilen. Dabei liegt der geringste Abstand im Ankochen zweier aufeinander folgender Kocher dadurch fest, daß bei nicht zu vielen Kochern ein und dieselbe Mannschaft die Kocher füllen und fertig machen kann. Der kleinste Abstand in der Ankochzeit zwischen zwei Kochern ergibt sich also aus der Dauer der Füllzeit. Andererseits wird der Kochdampfverbrauch sich dann am meisten ausgleichen, wenn das Ankochen der verschiedenen Kocher sich gleichmäßig verteilt, ein Fall, der in Anbetracht größtmöglichster Wärmewirtschaftlichkeit, wenn irgend angängig, verwirklicht werden soll. Ist also

t_k die Zeit der ganzen Kochung in Stunden,

t_f ,, ,, des Füllens der Kocher in Stunden,

n ,, Anzahl der Kocher,

so erzielt man den gleichmäßigsten Dampfverbrauch, wenn die Ankochzeit der Kocher im Abstand $\dfrac{t_k}{n}$ Stunden voneinander liegt, die ungünstigste Dampfverbrauchskurve aber dann, wenn die Ankochzeit der Kocher nur im Abstand von t_f Stunden liegt. Sind lauter gleichartige Kocher und zudem von der gleichen Größe vorhanden, so daß sich also durchwegs ziemlich gleiche Kochzeiten ergeben, so ist es nicht schwierig gewisse Regelmäßigkeiten im Kochdampfbedarf zu gewinnen. Sind aber Kocher verschiedener Größe und Bauart aufgestellt, die dann sehr verschiedene Kochzeiten haben, so ist es kaum möglich irgend welche gleichmäßige Wiederholungen im Dampfverbrauch zu wahren.

Betrachtet man weiter die Verhältnisse an den Sonntagen, welche, da sie im Jahr mit 60 Sonn- und Feiertagen etwa 17 vH. der ganzen Arbeitszeit ausmachen, bei dem Gesamtbild nicht unberücksichtigt bleiben dürfen, so ergibt sich, daß an diesen Tagen das verhältnismäßige Bedürfnis an Heizdampf noch ganz erheblich höher ist wie an Werktagen. Rechnet man wieder für die an Sonntagen stehende Holzputzerei 23 vH. des Gesamtkraftbedarfes ab, so gibt uns Tafel 12 die für Sonntagsbetrieb geänderten Werte der

für die Werktage gültigen Tafel 11 wieder. Der Heizdampfbedarf
ist also an diesen Tagen viermal so groß wie der Kraftdampfbedarf,
ein Punkt, der bei dem Entwurf der Kraftanlage wohl im Auge
zu behalten ist. Der zeitliche Bedarf an Koch- und Heizdampf
ändert sich Sonntags gegenüber Werktags in keiner Weise, nur
fallen die Höchstwerte des Heizdampfbedarfes noch mehr ins
Gewicht, da ihm am Sonntag ein verminderter, wenn auch in
erhöhter Weise gleichmäßiger Kraftbedarf, gegenübersteht.

Zahlentafel 12.

Sonntagsdampfverbrauch einer Zellstoffabrik.

	In kg Dampf für 100 kg lufttr. Zellstoff		In vH. des Gesamtdampfverbrauchs	
	kg	kg	vH.	vH.
Dampfverbrauch zum Kochen	285	} 492	45,6	} 78,8
Dampfverbrauch zum Trocknen	207		33,2	
Dampfverbrauch zu Kraftzwecken . . .		132		21,2
Gesamtdampfverbrauch		624		100

Die Zellstoffabrik mit angegliederter Papierfabrik.

Mit sehr vielen Zellstoffabriken ist eine mehr oder minder
große Papierfabrik verbunden. Die Papiermaschinen liefern in der
Regel verschiedene Zellstoffpapiere und sollen gewöhnlich die
Möglichkeit bieten, nicht absatzfähigen Zellstoff sowie Fangstoff
und Kollerstoff, deren Verfrachtung sich nicht lohnt, selbst noch
gewinnbringend zu verarbeiten.

Im Rahmen der vorliegenden Arbeit ist daher noch darauf einzugehen, wie eine solche der Zellstoffabrik sehr häufig angegliederte und organisch mit ihr zusammenhängende Papierfabrik den
dampftechnischen Teil der ersteren beeinflußt, und zwar soll zuerst
wieder der Kraftbedarf, dann der Heizdampfbedarf und dann
deren gegenseitiges Verhältnis einander gegenübergestellt werden.

Der Kraftbedarf einer solchen Papierfabrik ist über den ganzen
Arbeitstag von 24 Stunden wiederum sehr gleichmäßig, da sämtliche Hauptmaschinen der Papierfabrik einschließlich der die
Hauptkraft aufnehmenden Holländer Tag und Nacht ohne Pause

arbeiten. Der durchschnittliche Kraftverbrauch für die hier in Betracht kommenden gewöhnlicheren Zellstoffpapiere darf auf Grund meiner langen Beobachtungen zu 60—70 KW-st. für 100 kg

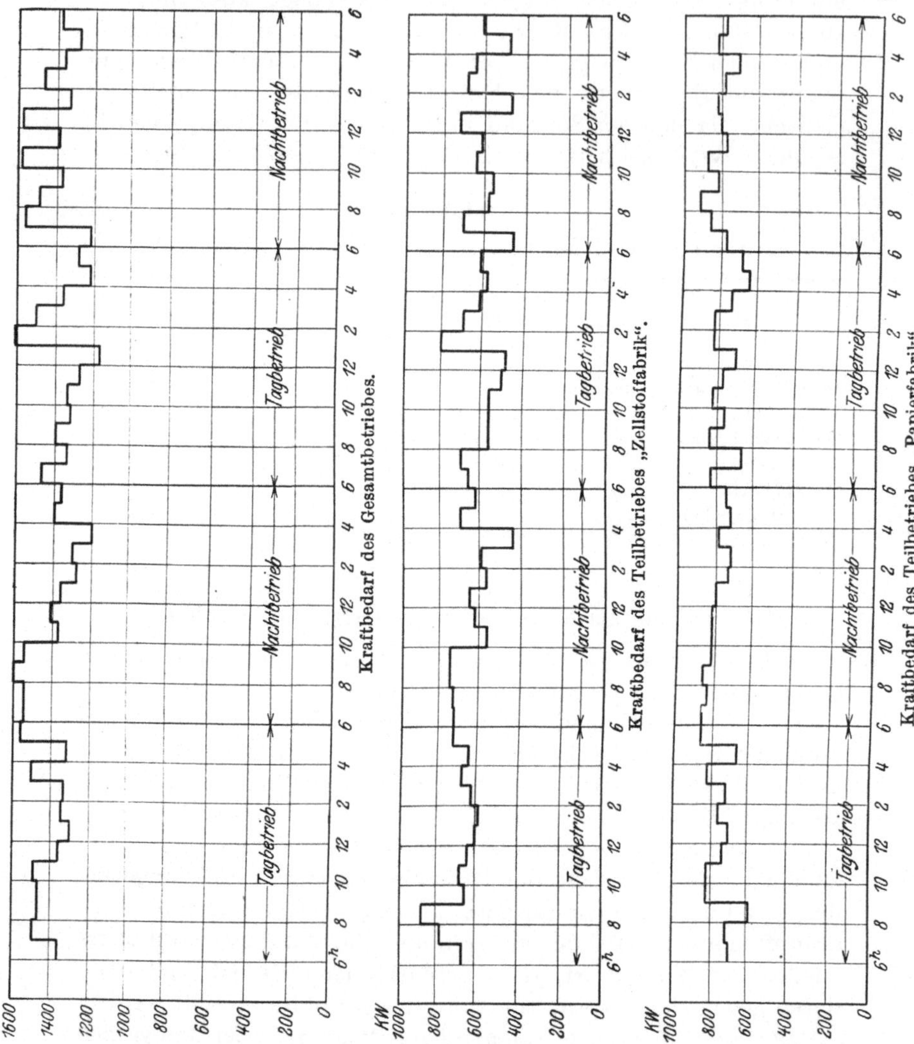

Fig. 23. Schaubilder über den Verlauf des Kraftbedarfes einer Zellstoffabrik mit angegliederter Papierfabrik.

fertiges **Papier** angenommen werden. Rechnet man also um den zahlenmäßigen Einfluß zu überblicken, auf eine mittlere Zellstoff-fabrik von etwa 6 Waggon durchschnittlicher Tagesleistung, eine Papiermaschine von 12 000 kg Tagesleistung, so ergibt sich für

die Zellstoffabrik ein durchschnittlicher Kraftbedarf von
520 KW, für die Papierfabrik ein solcher von 350 KW;
der Kraftbedarf der in dieser Weise vereinigten Fabrik wird also
gegenüber der reinen Zellstoffabrik um etwa 65 vH. erhöht. Für

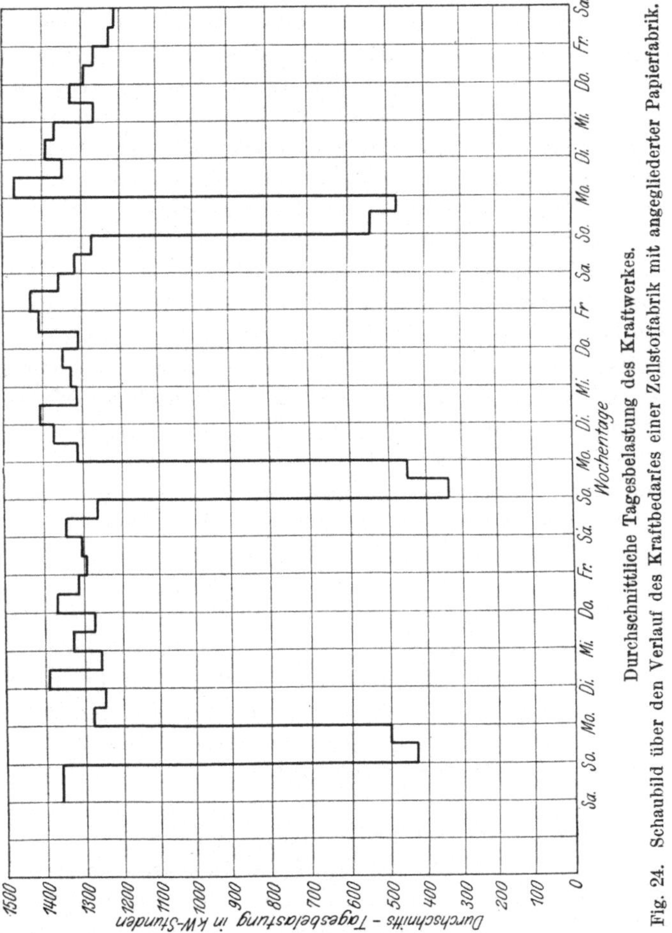

Fig. 24. Schaubild über den Verlauf des Kraftbedarfes einer Zellstoffabrik mit angegliederter Papierfabrik.

jedes andere Verhältnis der Tagesleistungen von Zellstoff- und
Papierfabrik ist das Verhältnis der beiderseitigen Kraftbedarfs-
zahlen schon überschläglich leicht festzustellen, wenn man berücksichtigt, daß für 100 kg einfache Zellstoffpapiere etwa dreimal

soviel Kraft nötig ist, wie für 100 kg lufttrockenen Zellstoff selbst. Ist schon der Kraftbedarf der reinen Zellstoffabrik Tag und Nacht ziemlich gleichmäßig und wird er nur durch das normale Abstellen der Holzputzerei sprunghaft herabgesetzt, so weist die Papierfabrik einen noch höheren Gleichförmigkeitsgrad im Kraftbedarf auf und verbessert somit den Kraftbedarf der Zellstoffabrik, so daß er bei der vereinigten Fabrik ein noch günstigeres Bild ergibt. Von der von mir untersuchten Zellstoffabrik mit zwei Papiermaschinen habe ich in Fig. 23 für zwei normale Arbeitstage den durchschnittlichen Stundenkraftbedarf der Zellstoffabrik sowohl, wie den der Papierfabrik getrennt aufgezeichnet und beweisen die Kurven meine obigen Darlegungen. Die Summe beider Kurven gibt schließlich den Gesamtkraftbedarf der vereinigten Fabrik. Diese letztere Gesamtkraftverbrauchskurve zeigt wieder, wie die Papierfabrik die in der Zellstoffabrik noch vorhandenen Schwankungen im Kraftbedarf ausgleicht. In Fig. 24 sind zur Vervollständigung des Bildes die durchschnittlichen Tageswerte des Kraftbedarfs einer vereinigten Zellstoff- und Papierfabrik über drei Wochen aufgezeichnet. Sonntags fällt der Kraftbedarf wegen Stillstandes der Papierfabrik jeweils stark ab.

Der Dampfverbrauch zum Trocknen des Papiers kann bei Zwischen- oder Abdampfverwendung nach Pfarrs[1]) und meinen Versuchen zu durchschnittlich 3 kg für 1 kg fertiges Papier in Rechnung gestellt werden. Derselbe ist ebenfalls in hohem Grad gleichmäßig, auch ändert er sich beim Verarbeiten von schweren oder leichten Papieren nur unwesentlich, da schwerere Papiere eben langsamer über die Maschine laufen. Die für die Papiermaschinenheizung in Frage kommenden Dampfdrücke sind maximal 3—4 Atm. abs. Der gesamte Heizdampf zur Herstellung von 100 kg Papier ist also gegenüber dem für 100 kg Zellstoff nötigen, der früher mit etwa 3 kg Kochdampf und 2,07 kg Trockendampf zusammen also mit 5,07 kg festgelegt wurde, um etwa 46 vH. geringer, wenn man beidesmal auf die Bezugseinheit von 100 kg rechnet. Als wesentlicher Punkt bei der Beurteilung ist ferner zu beachten, daß bei einer angegliederten Papierfabrik dieser der Stoff von der Zellstoffabrik in feuchter Form mit etwa 35 vH. Trockengehalt geliefert wird. Es wird also auf Seite der Zellstoffabrik der

---

[1]) **Pfarr**, „Der Heizvorgang in der Papiermaschine". Wochenbl. f. Papierfabrikation 1910.

Heizdampf für die in der Papierfabrik zu verarbeitenden Zellstoffmengen gespart. An dessen Stelle tritt bei der Verarbeitung des Zellstoffs zu Papier der hierfür nötige Trockendampfbedarf auf der Papiermaschine, der gegenüber Zellstoff jeweils auf 100 kg gerechnet um etwa 15 vH. höher ist. Dieser höhere Heizdampfverbrauch zum Trocknen von 100 kg Papier gegenüber 100 kg Zellstoff ergibt sich daraus, daß einerseits diese Zellstoffpapiere mit etwas geringerem Trockengehalt als wie der Zellstoff selbst auf die Trockenpartie der Maschine auflaufen, daß ihr Trockengehalt am Schluß der Maschine ein höherer ist und daß schließlich die Papiermaschine zum Trocknen der Filze auf den Filztrocknern auch noch Dampf benötigt, während die Zellstoffentwässerungsmaschine ohne Filz und Filztrockner arbeitet und daher in wärmetechnischer Hinsicht besser abschneidet. Außer für die Papiermaschine selbst werden in der Papierfabrik nur mehr geringe Mengen Dampf benötigt, so zur Herstellung des Leims, zum Anwärmen des Stoffes im Holländer usw., die aber so gering sind, daß sie bei der allgemeinen Beurteilung der Sachlage nicht in Betracht gezogen werden brauchen.

Für die Durchrechnung der einzelnen Teilbetriebe ist es wichtig, die Verhältniszahl zu wissen, nach der sich der Gesamtdampfverbrauch der vereinigten Fabrik auf die Papierfabrik und die Zellstoffabrik ausscheidet. Ist nun

Z die Zellstofferzeugung in kg in 24 Stunden,

Z' die Zellstofferzeugung in kg in 24 Stunden, die davon trocken gearbeitet wird,

D_k der Dampfverbrauch zum Kochen für 1 kg lufttr. Zellstoff,

D_{kr} der Dampfverbrauch zu Kraftzwecken für 1 kg lufttr. Zellstoff,

D_t der Dampfverbrauch zu Trockenzwecken für 1 kg, lufttr. Zellstoff,

P die Papiererzeugung in kg in 24 Stunden,

$D_{kr\ \text{papier}}$ der Dampfverbrauch zu Kraftzwecken für 1 kg Papier,

$D_{t\ \text{papier}}$ Dampfverbrauch zu Trockenzwecken für 1 kg Papier,

so ist

$$\frac{\text{Gesamtdampfverbrauch der Zellstoffabrik}}{\text{Gesamtdampfverbrauch der Papierfabrik}} = \beta = \frac{Z(D_k + D_{kr}) + Z'D_t}{P(D_{kr\ \text{papier}} + D_{t\ \text{papier}})}$$

Diese Gleichung gibt für alle Verhältnisse nach Einsetzen der Zahlenwerte die gesuchte Verhältniszahl β.

Nimmt nun durch Aufstellung einer weiteren Papiermaschine die Papiererzeugung bei gleichbleibender Zellstofferzeugung auf P_1 kg zu, so ist entsprechend des Mehrbedarfes der Papierfabrik an feuchtem Zellstoff nur mehr Z_1' kg trocken herauszuarbeiten, wobei $Z_1' < Z'$. Die neue Dampfverbrauchsverhältniszahl wird also in doppelter Beziehung kleiner sein, da die Papierfabrik mehr Dampf benötigt, in der Zellstoffabrik aber zugleich solcher gespart wird. Die neue Verhältniszahl rechnet sich also zu:

$$\beta' = \frac{Z(D_k + D_{kr}) + Z_1' \cdot D_t}{P_1(D_{kr\ \text{papier}} + D_{t\ \text{papier}})}$$

Steigt andererseits die Zellstofferzeugung bei gleichbleibender Papiererzeugung, so wird nach der gleichen Formel β in einfachem Sinn größer, da sich nur der Zähler des Bruches vergrößert, der Nenner aber gleich bleibt. An der Hand dieser Formel lassen sich also alle hier einschlägigen Fragen behandeln.

Es seien, um ein kleines Beispiel durchzurechnen, folgende Zahlen angenommen.

$Z\ = 60\,000$ kg in 24 Stunden $\quad D_k\ = 2{,}85$ kg Dampf/kg Zellstoff
$Z'= 36\,000$,, ,, 24 ,, $\quad D_{kr} = 1{,}72$,, ,, ,,
$P = 24\,000$,, ,, 24 ,, $\quad D_t\ = 2{,}07$,, ,, ,,
$\qquad\qquad\qquad\qquad\qquad D_{kr\ \text{papier}} = 5{,}20$,, ,, Papier
$\qquad\qquad\qquad\qquad\qquad D_{t\ \text{papier}} = 3{,}00$,, ,, ,,

Es ergibt sich dann

$$\beta = \frac{60\,000\,(2{,}85 + 1{,}72) + 36\,000 \cdot 2{,}07}{24\,000\,(5{,}2 + 3{,}00)} = \frac{348\,700}{196\,800} = 1{,}76$$

das heißt, bei dem angegebenen Mengenverhältnis ist der Dampfverbrauch der Zellstoffabrik 1,76 mal so groß wie der Dampfverbrauch der Papierfabrik, oder in anderer Form ausgedrückt

Kohlenverbrauch der Papierfabr. $= 0{,}36 \cdot$ Gesamtkohlenverbrauch,
Kohlenverbrauch der Zellstoffabr. $= 0{,}64 \cdot$ Gesamtkohlenverbrauch.

Führt man schließlich die bei Späneverheizung zugunsten der Zellstoffabrik nötige Berichtigung des Kohlenverbrauchs durch, so ergibt sich

$$\beta_{sp} = \frac{348\,700 \cdot 0{,}9}{196\,800} = 1{,}59$$

das heißt mit Berücksichtigung der Späneverheizung ist der Verbrauch an mit Hilfe der Kohle gewonnenem Dampf der Zellstoffabrik nur mehr 1,59 · Verbrauch an Dampf aus Kohle bei der Papierfabrik oder in andere Schreibweise ist jetzt:

Kohlenverbrauch der Papierfabr. $= 0,39 \cdot$ Gesamtkohlenverbrauch,
Kohlenverbrauch der Zellstoffabr. $= 0,61 \cdot$ Gesamtkohlenverbrauch.

Die verbrauchte Dampfmenge ist in beiden Fällen ob Späne verheizt werden oder nicht, natürlich die gleiche, ein Unterschied ist nur in bezug auf die Herkunft des Dampfes vorhanden.

Bei diesem Beispiel ist stillschweigend vorausgesetzt, daß das lufttrockene Gewicht des nassen Zellstoffs $(Z - Z')$ gleich dem Gewicht des erzeugten Papiers P ist. Es entspricht das nicht ganz genau der Wirklichkeit, da dem Papierstoff auch bei Zellstoffpapieren noch Zusätze wie Holzschliff, Kaolin, Filterstoff usw. in wechselnder Menge zugeführt werden, so daß also stets die Ungleichung $Z - Z' < P$ besteht. Der Fehler in der obigen Voraussetzung hält sich aber gewöhnlich in den Grenzen von 2,5 vH.

Was die Gleichförmigkeit des Bedarfes des Heizdampfes bei der vereinigten Fabrik anbelangt, so wird dadurch, daß für die Papierfabrik feuchter Zellstoff herausgearbeitet werden muß, welcher Arbeitsvorgang sich bei der verhältnismäßig höheren stündlichen Lieferung einer Zellstoffentwässerungsmaschine auf einen kürzeren Zeitraum zusammenschiebt, als das Herausarbeiten der gleichen Menge Papier auf einer Papiermaschine, in den Heizdampfbedarf der Zellstoffabrik je nach Betriebsart eine größere Unregelmäßigkeit hereingebracht, als wenn die Papierfabrik nicht angegliedert wäre. Diese Unregelmäßigkeit findet aber wieder durch den über den ganzen Tag sehr gleichmäßig verteilten Heizdampfbedarf der Papierfabrik immerhin einen nicht zu unterschätzenden Ausgleich. Zusammenfassend kann also ausgesprochen werden, daß eine an die Zellstoffabrik angegliederte Papierfabrik den Kraftbedarf zwar wesentlich steigert, die in der Zellstoffabrik aber noch vorhandenen Kraftschwankungen dagegen in hohem Maße ausgleicht. Der Gesamtheizdampfbedarf der nur trockenen Stoff herstellenden Zellstoffabrik wird in seiner Größe durch die angegliederte Papierfabrik nur um wenige Hundertteile erhöht. Gewisse Unregelmäßigkeiten in dem zeitlichen Bedürfnis nach Heizdampf werden durch die Papierfabrik in den Betrieb hereingebracht. Das Verhältnis des Heizdampfbedarfes zum Kraftdampfbedarf wird in der vereinigten Fabrik wesentlich kleiner als in der reinen Zellstoffabrik.

Je größer natürlich die Papierfabrik gegenüber der Zellstoff-fabrik ist, desto mehr treten die hier gekennzeichneten Beein-flussungen des Kraft- und Heizdampfbedarfes durch die Papier-fabrik in den Vordergrund.

Der Sonntagsbetrieb einer vereinigten Zellstoff- und Papier-fabrik unterscheidet sich nur wenig von dem einer Zellstoffabrik, da der Betrieb in der Papierfabrik am Sonntag ruht. Da die Kraft-maschine der Zentrale bei der vereinigten Fabrik eine verhältnis-mäßige größere Einheit darstellen muß, so arbeitet sie am Sonn-tag, falls keine kleine Reservemaschine vorhanden ist, infolge des großen Ausfalls an Kraftbedarf mit ganz kleinen Belastungen.

Das Heizungskraftwerk.

Zur Vervollständigung dieser Arbeit sind noch einige auf die gefundenen Zahlen und wärmetechnischen Verhältnisse gestützten Vorschläge zu bringen, auf welche Weise die zu Kraft- und Hei-zungszwecken benötigte Wärmeenergie auf das wirtschaftlichste zu beschaffen ist.

Die erste Frage ist hier die nach der billigsten Betriebskraft eines Werkes[1]), bei deren Untersuchung vor allem Klärung verlangt wird, ob es vorteilhafter ist, die nötige mechanische Energie im eigenen Werk zu erzeugen oder durch Anschluß an ein fremdes Elektrizitätswerk zu erhalten. Die Arbeiten bedeutender Fach-leute weisen nach, daß — allgemeine Verhältnisse immer voraus-gesetzt — bei rund 50—300 PS Kraftbedarf der Anschluß an ein Elektrizitätswerk nur noch bei sehr günstigem Stromtarif mit der eigenen Stromerzeugungsanlage wettbewerbsfähig ist, während über 300 PS die eigene Kraftanlage auch ohne Abdampfverwertung stets im Vorteil erscheint. Da eine einigermaßen bedeutende Zell-stoffabrik einen derartigen Kraftbedarf mindestens aufweist, so deutet dies schon ohne jede weitere Untersuchung über die Mög-lichkeit der Ausnützung ihrer Abwärme zu Koch- und Heizzwecken

---

[1]) Barth, „Die Wahl der Betriebskraft". Zeitschr. d. Vereins deutsch. Ingenieure 1912, S. 1610; 1913, S. 417. — Barth, „Wahl, Projektierung und Betrieb von Kraftanlagen". Verlag Julius Springer, Berlin. — Reut-linger, „Ermittlung der billigsten Betriebskraft für Fabriken". Verlag Julius Springer, Berlin.

entschieden auf das eigene Kraftwerk hin. Bei Betrachtung der
drei Hauptgattungen von Kraftanlagen, nämlich Wasserkraft-
anlage, Rohölmaschinen- und Dampfanlage scheiden die Wasser-
kraftanlagen bei fast allen größeren deutschen[1]) Zellstoffwerken
infolge ihrer geographischen Lage von vornherein aus; durch die
Notwendigkeit der Abstoßung der Ablauge und Abwässer sind
diese Werke immer an große Flußläufe oder an die Meeresküste
gebunden, wobei sie gleichzeitig billige Wasserfrachten für die in
sehr großen Gewichtsmengen ankommenden Rohstoffe und hinaus-
gehenden Fertigerzeugnisse finden. Rohölmaschinen können bei
dem großen Bedarf an Abwärme nicht in Frage kommen und so ist
also einzig und allein die Dampfanlage am Platz. Ich habe gezeigt,
daß bis zu 75 vH. des Gesamtdampfverbrauchs der reinen Zellstoff-
fabrik zu Heizzwecken benötigt werden, eine wirtschaftliche
Abwärmeverwertung findet daher in einer Sulfitzellstoffabrik
einen sehr günstigen und fruchtbaren Boden und gestattet ein
allseits gut durchgebildetes Heizungskraftwerk zu schaffen[2]).
Gerade die hier gegebene Möglichkeit der Abwärmeverwertung
ist selbst bei Anlagen unter 300 PS ein Zwang zur eigenen Krafterzeugung. Bei zweckmäßig eingerichteten Anlagen läßt sich dabei
die Krafteinheit zu außergewöhnlich billigen Preisen erzeugen[3]).
Legt man zum Beweis hierfür bei einer reinen Zellstoffabrik nur
den gleichmäßigen Heizdampfbedarf der Trockenzylinder mit
207 kg für 100 kg Zellstoff zugrunde, so ergibt sich, daß bei rund
20 KW-st. Kraftbedarf für die gleiche Zellstoffmenge der Dampfverbrauch für die KW-st. schon 10 kg betragen darf, wobei auf
eine Zwischendampfverwertung für Kochzwecke noch gar nicht
Rücksicht genommen ist; in letzterem Fall steht für die Erzeugung von 1 KW-st. eine noch viel größere Dampfmenge zur Verfügung. Es kann also hier eine vollständige Abwärmeverwertung
eingerichtet werden, wobei noch darauf hinzuweisen ist, daß in
diesem Fall der thermische Wirkungsgrad und Brennstoffverbrauch
der Kraftmaschine gleichgültig sind, und daß diese Werte, ohne

---

[1]) Etwas anders liegen die Verhältnisse in Schweden und Norwegen,
welche Länder ebenfalls sehr bedeutende Zellstoffwerke besitzen.

[2]) Vgl. auch Dr.-Ing. Ludwig Schneider, „Die Abwärmeverwertung
im Kraftmaschinenbetrieb". Verlag Julius Springer, Berlin.

[3]) Stauf, „Kosten der Krafterzeugung in Dampfanlagen industrieller
Werke". Zeitschr. d. Bayer. Revisionsvereins 1913, S. 95.

das wirtschaftliche Gesamtbild zu trüben, bei vollständiger Abwärmeausnutzung schlecht sein dürfen [1]), was die Möglichkeit gibt,
durch Anschaffung billiger Dampfmaschinen an Anlagekapital zu
sparen. Bei Angliederung einer Papierfabrik an die Zellstoffanlage
verschiebt sich das Betriebsbild etwas, da der Kraftverbrauch
im Verhältnis zum Heizdampfverbrauch stark in die Höhe geht.
Aber auch hier ist die Erzeugung von möglichst viel Kraft im
eigenen Betrieb als oberster Grundsatz festzuhalten. Eine wirtschaftliche Notwendigkeit ist aber die Erzeugung des Teiles der
ganzen Energie, der dem Verbrauch an Heizdampf entspricht;
es kann sich dabei als zweckmäßig erweisen, bei der Krafterzeugung, die über diese Grenze hinausgeht, die Spitzenbelastung
fremden Werken zu überlassen, um im eigenen Werk einen möglichst dauernden Vollastbetrieb der eigenen Maschinen sicherzustellen. Anschluß an eine fremde Zentrale zu Aushilfszwecken ist
in allen Fällen auch bei der reinen Zellstoffabrik anzuraten, da
hierdurch eigene Aushilfsmaschinen und die diesbezüglichen
Kapitalien gespart bleiben. Im übrigen ist jedoch jeder Einzelfall, da oft viele, von vornherein nicht klar zu übersehende Verhältnisse vorliegen, gesondert durchzurechnen.

Bei der weiteren Untersuchung, ob die Dampfkraftanlage mit
Kolbenmaschinen oder Turbinen auszurüsten ist, fällt die Entscheidung — falls es sich um einigermaßen größere Leistungen
handelt — bei der Größe des Heizdampfverbrauches gegenüber
dem Kraftdampfverbrauch entschieden zugunsten der Turbine,
weil sie die Entnahme des Heizdampfes in weiteren Grenzen gestattet und bei ihr im Höchstfall eine weit größere Dampfentnahme möglich ist als bei der Kolbenmaschine; außerdem würde
schon allein die Ölfreiheit des Zwischen- bzw. Abdampfes bei der
gegebenen Verwendungsart die Bevorzugung der Turbine rechtfertigen.

Die ausgedehnte Verwertung der Wärme des Maschinenabdampfes zu Heiz- und Kochzwecken oder umgekehrt die Heranziehung des zur Fabrikation nötigen Dampfes zur Krafterzeugung
schafft das neuzeitliche Heizungskraftwerk. Zu dessen Verwirklichung ist vor allem mit der in den Zellstoffabriken noch vielfach

---

[1]) Dr.-Ing. W. Deinlein, „Wärmeverwertung in Verbindung mit
Dampf- und Verbrennungsmaschinen". Zeitschr. d. Bayer. Revisionsvereins 1911, S. 187.

üblichen Nebeneinanderschaltung der Dampfverbrauchsstellen zu brechen und eine Hintereinanderschaltung derselben anzustreben.

Die wichtigsten Mittel für ein wirtschaftlich arbeitendes Heizungskraftwerk in einer Zellstoffabrik bestehen in der Aufstellung von Kesseln mit 14—16 Atm. Druck und in der Anordnung von Anzapfturbinen mit 2 Anzapfstellen, die eine bei etwa 8 und die andere bei etwa 3,5 Atm. abs. Derartige Doppelanzapfturbinen, vor denen man sich bis vor kurzer Zeit noch etwas scheute, sind heute ohne große Schwierigkeiten zu bauen. Die erste Anzapfung bei einem Druck von etwa 8 Atm. abs. gibt dabei den Dampf für die Kocher aus der Turbine ab. Dabei hängen die Ritter-Kellner-Kocher in üblicher Weise nebeneinander an der Heizdampfleitung. Bei Mitscherlich-Kochern kann auch eine Hintereinanderschaltung von je 2 Kochern derart ins Auge gefaßt werden, daß derjenige Kocher, der augenblicklich starken Wärmebedarf hat, zunächst an die Hauptdampfleitung gelegt wird, so daß durch seine Heizungsanlage der Dampf mit vollem Druck hindurchgetrieben wird. Aus dem Heizungssystem des Kochers I gelangt der Dampf dann in einen Kocher II mit weiter fortgeschrittener Kochung und kleinerem Wärmebedarf.

Die Anzapfung bei 3,5 Atm. stellt den Dampf für die Trockenzylinder der Entwässerungsmaschine und der etwa vorhandenen Papiermaschinen sowie den für Raum- und Deckenheizung zur Verfügung. Auf diese Art und Weise läßt sich aller Heizdampf arbeitsverrichtend in der Turbine verwenden und es werden durch diesen Arbeitsgang gegenüber dem bisher üblichen bei dem das Kesselhaus gewöhnlich mit Kesseln von niedriger Spannung für die Kocher und mit solchen von höherer Spannung für die Krafterzeugung ausgerüstet war, ganz bedeutende Wärmemengen gespart bleiben.

Im einzelnen ist dabei zu beachten, daß der Kochdampf mit nicht zu hoher Temperatur in die Kocher kommen darf; es ist also die Anfangsüberhitzung der Kessel so abzugleichen, daß sich die Überhitzung an der ersten Anzapfstelle nicht viel höher einstellt, als es zum Ausgleich der Wärmeverluste in der gewöhnlich recht langen Leitung von der Zentrale zum Kocherhaus nötig ist. Bei der besonders im Ankochen und beim Abstellen der Kocher stoßweisen Änderung der Dampfentnahme ist der Regelvorrichtung der Turbine, die bei Doppelanzapfturbinen eine schwierige Aufgabe hat, ganz besonderes Augenmerk zuzuwenden. Um ein Rückströmen der Lauge aus dem Kocher in die Leitungen und zur Turbine auf alle Fälle auszuschließen, sind zuverlässige Rückschlagventile oder andere Sicherungen am Kocher selbst anzuordnen.

Die Urteile der Betriebe über die Durchführbarkeit und Zweckmäßigkeit der Dampfentnahme aus den Kraftmaschinen zu Kochzwecken sind sehr verschieden und lauten oft gerade entgegengesetzt. Bei Vergleich der verschiedenen Anschauungen ergibt sich, daß die ganze Frage durch die Kocherzahl in dem betreffenden Betriebe sowie durch die Größe der Kraftentwicklung der Hauptantriebsmaschine stark beeinflußt wird. Betriebe, die die gleiche Zellstoffmenge mit vielen kleinen Kochern erzeugen, deren Ankochzeit eng aneinander liegt, machen hier bessere Erfahrungen wie solche mit wenigen großen Kochern, weil sich hier der Dampfverbrauch für die Kocher viel ungleichmäßiger gestaltet. Große Krafterzeugung in einer Zellstoffabrik, sei es für eine angegliederte Papierfabrik oder für einen anderen Zweck, erleichtert die Dampfentnahme für Kochzwecke ebenfalls; die Dampfentnahme aus der Kraftmaschine für Trockenzwecke und Raumheizung bietet in keiner Weise Schwierigkeiten, sondern nur Vorteile.

Für den besonders bei reinen Zellstoffabriken vor allem am Sonntag, aber auch an Werktagen vorkommenden Fall, daß die dem Heizdampfbedürfnis zugeordnete und durch die Heizdampfmenge gegebene Kraftentwicklung der Turbine größer ist als der durch die Fabrik verlangte Kraftverbrauch, wären zweckmäßigerweise vertragsmäßige Stromabsetzungsmöglichkeiten nach außen z. B. in städtische oder in Überlandnetze zu suchen oder schließlich auch eigene Akkumulatoren zu laden. Sollten derartige Möglichkeiten zum wirtschaftlichen Abstoßen von überschüssiger Kraft nicht zu finden sein, so wird zeitweise der Heizdampfbedarf der Fabrik ihren Kraftdampfbedarf übersteigen. In diesem Falle läßt sich der Druck an der Anzapfstelle von 8 bzw. 3,5 Atm. nicht halten, es müßten dann Zusatzventile vorgesehen werden um zusätzlichen, gedrosselten Frischdampf auf die Heizleitungen geben zu können. Derartige noch dazu selten zur Verwendung kommende Drosselventile bilden aber leicht Störungsquellen für den Betrieb und sollten möglichst vermieden bleiben.

Für das Kesselhaus bedeutet die eben geschilderte Arbeitsweise den großen Vorteil, daß nur Kessel einerlei Spannung zur Aufstellung kommen. Man erhält dadurch gegenüber einer Anlage mit Kesseln von verschiedener Spannung größere Einfachheit und Übersichtlichkeit im Kesselhaus und weit größere Freiheit in der Anordnung und Durchführung des Betriebs, auch sind weniger Kessel im Bereitschaftsdienst zu halten. Die in jeder Zellstofffabrik zeitweise unvermeidlichen Schwankungen im Dampfverbrauch machen sich weniger störend fühlbar, da sie von mehreren Kesseln zugleich aufgenommen und eher ausgeglichen werden. Im übrigen ist selbstverständlich, daß für das Kesselhaus alle neuzeitlichen Einrichtungen, deren Endzweck immer in der Lohnersparnis und in der Vergleichmäßigung des Betriebes liegt, zur Anwendung gebracht werden müssen, vor allem also selbsttätige Zuführung des Brennstoffes vom Schiff oder Eisenbahnwagen über den Bunker zum Rost, — am besten einem Wanderrost, der sich unter den selbsttätigen Feuerungen immer größere Gebiete erobert — ferner bequeme und vorteilhafte Abführung der Feuerungsrückstände, Ausnutzung der Abwärme der abziehenden Heizgase durch Rauchgasvorwärmer usw. Auch der Verfeuerung der in großen Mengen anfallenden Schälspäne ist erhöhtes Augenmerk zu schenken, damit sie wirtschaftlich verfeuert und nicht nur vernichtet werden[1]). Trotz der sperrigen Form der Späne lassen sie sich bei entsprechend richtig durchgedachten Vorfeuerungen fast völlig selbsttätig verfeuern.

Schlußwort.

Die Notwendigkeit, alle möglichen Aufwendungen zu machen und Anordnungen zu treffen, um einen in bezug auf Wärmewirtschaft möglichst hochstehenden Betrieb auszubilden, ist in Anbetracht des allgemein gesteigerten Wettbewerbs in jeder Industrie gegeben. Für die Zellstoffindustrie ist ein wärmewirtschaftlich tadellos arbeitender Betrieb von erhöhter Bedeutung, da die Ausgaben für Kohlen je nach Betriebsart und Betriebsführung

---

[1]) Winkelmann, „Die wirtschaftliche Verbrennung der Holzabfälle". Zeitschr. f. Dampfkessel u. Maschinenbetrieb 1914, Heft 13. — „Über Verdampfungsversuche mit Holzabfällen." Zeitschr. f. Dampfkessel u. Maschinenbetrieb 1914, Heft 31.

12—16 vH. der Herstellungskosten betragen und einen wichtigen Anteil am Gedeihen der Fabrik haben. Andererseits ist der Kohlenverbrauch bei den hohen Mengen, welche die deutschen Zellstoffwerke verarbeiten, auch absolut genommen, sehr bedeutend, so daß auch kleine Ersparnisanteile mit großen Gesamtbeträgen anfallen.

Ähnliche Studien und Untersuchungen wie die von mir für die Sulfitzellstoffindustrie ausgearbeiteten, fehlen noch für die größte Anzahl derjenigen Gewerbe und Industrien, die gleichzeitig Kraft und Wärme für ihren Betrieb brauchen. Auch für diese Industrien könnten entsprechende Untersuchungen angestellt und veröffentlicht werden. Würden die verschiedenen Industrien in einer zusammenfassenden Arbeit an Hand dieser Einzelabhandlungen in bezug auf ihren Wärmeverbrauch für Kraft- und Heizzwecke und deren gegenseitige Abhängigkeit verglichen, so hätte eine solche Arbeit eine weitgehende wirtschaftliche und wärmetechnische Bedeutung, da sie die Unterlage bilden könnte um eine planmäßige Besserung der Wärmeausnutzung anzubahnen.

Zusammenfassung.

Nach einer kurzen Einführung in die Herstellungsweise des Sulfitzellstoffs werden Versuche über den Wärmeverbrauch der Kochung besprochen. Der verlustlose Wärmeverbrauch und die Wärmeverluste werden mit Berücksichtigung der gebräuchlichen Heizeinrichtungen untersucht und die Schwierigkeiten beleuchtet, die einer nützlichen Verwendung der Abwärme der Kocher entgegenstehen. Die für die Trocknung der Zellstoffe nötigen Wärmemengen werden bestimmt und auf den Trocknungsvorgang wird näher eingegangen. Der für die Zellstoffabrik aufzuwendende Kraftbedarf wird angegeben, und die Änderung im Wärme- und Kraftbild durch den Sonntagsbetrieb und durch eine angegliederte Papierfabrik wird dargelegt. Auf Grund der Erkenntnisse und der gewonnenen Zahlen werden Richtlinien für ein wirtschaftlich arbeitendes Heizungskraftwerk aufgestellt. Schließlich wird eine Anregung zur Ausdehnung derartiger Untersuchungen auf andere in Betracht kommende Industrien gebracht.

Zusammenstellung der angeführten Literatur.

Fr. Barth, „Die Wahl der Betriebskraft". Zeitschr. d. Vereins deutsch. Ingenieure 1912, S. 1610.

Fr. Barth, „Wahl, Projektierung und Betrieb von Kraftanlagen". Verlag Julius Springer, Berlin.

W. Deinlein, Dr.-Ing., „Wärmeverwertung in Verbindung mit Dampf- und Verbrennungsmaschine". Zeitschr. d. Bayer. Revisionsvereins 1911, S. 188.

W. Deinlein, Dr.-Ing., „Über die Verwendung der Maschinenabwärme für Heizzwecke unter besonderer Berücksichtigung der Heizflächenbemessung". Zeitschr. d. Bayer. Revisionsvereins 1914.

O. Dietz, „Über die spezifische Wärme von Faserstoffen". Dissertation Dresden 1911.

Chr. Eberle, „Versuche über den Einfluß des Kesselsteines auf den Wärmedurchgang". Zeitschr. d. Bayer. Revisionsvereins 1909, S. 99.

H. Gröber, Dr.-Ing., „Wärmeleitfähigkeit von Isolier- und Baustoffen". Zeitschr. d. Vereins deutsch. Ingenieure 1910, S. 1319.

Harpf, „Beiträge zur Kenntnis der chemischen Vorgänge beim Sulfitverfahren". Dissertation Bern 1892.

Hausbrand, „Verdampfen, Kondensieren und Kühlen". 4. Auflage. Verlag Julius Springer, Berlin.

Hofmann, „Handbuch der Papierfabrikation". 2 Bände. Verlag der Papierzeitung, Berlin.

Hoyer, „Die Fabrikation des Papiers". Verlag Vieweg & Sohn, Braunschweig.

E. Kirchner, „Das Papier". 3 Bände. Verlag des Wochenblattes für Papierfabrikation, Biberach.

E. Kirchner, „Die Leistung der Papiermaschinentrockenapparate". Wochenbl. f. Papierfabrikation 1913, S. 1598.

Klason, Prof. Dr., „Unregelmäßiger Gang der Sulfitstoffkochungen und dessen Ursache". Bericht über die Hauptversammlung 1909 des Vereins der Zellstoff- und Papierchemiker.

H. Klein, Dr., „Die Entwicklung der Sulfit- und Natronzellstoffindustrie". Wochenbl. f. Papierfabrikation 1913, S. 2198.

H. Klein, Dr., „Kohlenverbrauch beim Sulfitverfahren". Wochenbl. f. Papierfabrikation 1911, S. 2147.

Landolt-Börnstein, „Physikalisch-Chemische Tabellen". 3. Aufl. Verlag Julius Springer, Berlin.

R. Mollier, Dr., „Über den Wärmedurchgang und die darauf bezüglichen Versuchsergebnisse". Zeitschr. d. Vereins deutsch. Ingenieure 1897, S. 153 u. 197.

M. Müller, Dr., Finkenwalde b. Stettin, „Literatur der Sulfitablauge." Verlag der Papierzeitung Berlin.

W. Nusselt, Dr.-Ing., „Die Wärmeleitfähigkeit der Wärmeisolierstoffe". Dissertation, München 1907. Zeitschr. d. Vereins deutsch. Ingenieure 1908, S. 906.

Pfarr, „Der Heizvorgang in der Papiermaschine". Wochenblatt für Papierfabrikation 1910.

A. Poensgen, Dr.-Ing., „Ein technisches Verfahren zur Ermittlung der Wärmeleitfähigkeit plattenförmiger Körper". Mitteilungen über Forschungsarbeiten, Heft 130.

A. Poensgen, Dr.-Ing., „Über die Wärmeübertragung von strömenden überhitzten Wasserdampf an Rohrwandungen und von Heizgasen an Wasserdampf". Dissertation München 1914.

E. Reutlinger, Dr.-Ing., „Der Einfluß des Kesselsteins auf die Wirtschaftlichkeit und Betriebssicherheit von Heizungseinrichtungen". Dissertation München 1909. Mitteilungen über Forschungsarbeiten, Heft 94. Auszugsweise Zeitschr. d. Vereins deutsch. Ingenieure 1910, S. 545.

E. Reutlinger, Dr.-Ing., „Die Ermittlung der billigsten Betriebskraft für Fabriken." Verlag Julius Springer, Berlin.

Schubert, „Die Zellulosefabrikation". Verlag Krayn, Berlin.

L. Schneider, Dr.-Ing., „Die Abwärmeverwertung im Kraftmaschinenbetrieb". Verlag Julius Springer, Berlin.

Schwalbe, Dr., Carl G., „Chemie der Zellulose". Verlag Gebrüder Bornträger, Berlin 1911.

A. Soenneken, Dr.-Ing., „Der Wärmeübergang von Rohrwänden an strömendes Wasser". Dissertation München 1910. Mitteilungen über Forschungsarbeiten Heft 108/109.

Stauf, „Kosten der Krafterzeugung in Dampfanlagen industrieller Werke". Zeitschr. d. Bayer. Revisionsvereins 1913, S. 95.

H. Winkelmann, „Die wirtschaftliche Verbrennung von Holzabfällen". Zeitschr. f. Dampfkessel u. Maschinenbetrieb 1914, Heft 13.

H. Winkelmann, „Über Verdampfungsversuche mit Holzabfällen". Zeitschr. f. Dampfkessel u. Maschinenbetrieb 1914, Heft 31.

Zschimmer, „Über den Angriff von Außenwandungen eiserner Zellstoffkocher". Zeitschr. d. Bayer. Revisionsvereins 1911, S. 197.

Patentliteratur.

Jablonsky, D. R. P. 137 063, betreffend Heizeinrichtungen.

Lehmann, D. R. P. 268 608, betreffend Kocherstampfen.

Morterud, D. R. P. 278 827, betreffend Rohrsteinentfernung.

Morterud, D. R. P. 209 443, betreffend Laugenumlauf.

Morterud, D. R. P. 273 860, betreffend Zentralheizungseinrichtung.

Pedersen, Amer. Patent 1 050 164, betreffend Anwärmung der Zellstoffbahn.

Offenheimer, D. R. P. 101 906, betreffend Heizeinrichtungen.

Pokorny und Wittekind, D. R. P. 268 608, betreffend Kocherstampfen.

Lebenslauf.

Ich, Joseph Freiherr von Laßberg, bin geboren am 16. Januar 1882 zu München als bayerischer Staatsangehöriger, katholischer Konfession.

Nach Besuch der Volksschule studierte ich 4 Jahre am kgl. Ludwigs- und 5 Jahre am kgl. Theresiengymnasium in München, an dem ich im Sommer 1901 auch das Absolutorium ablegte. Schon während meiner Gymnasialzeit starb im Sommer 1895 meine Mutter.

Im Herbste 1901 bezog ich die Maschineningenieurabteilung der Technischen Hochschule zu München, legte an dieser Abteilung 1903 die Vorprüfung und im Sommer 1905 die Diplomprüfung ab. Während der Ferien und im Herbste nach der Diplomprüfung arbeitete ich im ganzen etwa drei Vierteljahre praktisch in den Werkstätten von Krauß & Co. und I. A. Maffei in München.

Ende November 1905 fand ich meine erste Anstellung als Konstrukteur für Dampfturbinen und deren Hilfsmaschinen bei der an I. A. Maffei angegliederten Firma Melms & Pfenninger G. m. b. H., München, in welcher Stellung ich auch viel zu Arbeiten auf dem Versuchsfeld herangezogen wurde. Meine dortige Stellung behielt ich $2^1/_4$ Jahre.

Im Februar 1908 folgte ich sehr gerne einer Aufforderung des Herrn Professors von Lossow mich um eine bei ihm freigewordene Assistentenstelle zu bewerben; die Stellung wurde mir auch übertragen und ich wirkte in meiner Eigenschaft als Assistent für Maschinenbaukunde an der Technischen Hochschule München bis 1. März 1909. Außer den Übungen in Maschinenteilen und im Entwerfen von Dampfkesseln unter Leitung des Herrn Professors von Lossow, hatte ich auch unter Leitung von Herrn Professor Lynen die Übungen im Entwerfen von Dampfmaschinen, und unter Herrn Geheimen Hofrat Professor Dr. Schröter die Übungen in Wärmetheorie und theoretischer Maschinenlehre zu erteilen.